"新工科建设"教学探索成果·"十三五"规划教材

微积分
同步练习与提高（三）

主　编　李莎莎　余琛妍
副主编　涂黎晖　王聚丰　孙海娜　翁云杰
主　审　苏德矿

电子工业出版社
Publishing House of Electronics Industry
北京·BEIJING

内 容 简 介

本书是与《微积分学》(下册)(吴正昌，蔡燧林，孙海娜编著)配套的学习辅导用书，内容包括向量代数与空间解析几何、多元函数微分学、重积分、常微分方程。

常微分方程在很多科学领域内有着重要的应用，如自动控制、各种电子学装置的设计、弹道的计算、飞机和导弹飞行的稳定性的研究等。这些问题都可以化为求微分方程的解，或者化为研究解的性质的问题。本书研究了几类简单的常微分方程的解法。

本书的题目既包含"基础部分"，又包含"提高部分"，对强化学生的数学思维很有帮助。

图书在版编目(CIP)数据

微积分同步练习与提高. 三/ 李莎莎, 余琛妍主编. — 北京：电子工业出版社，2018.3
ISBN 978-7-121-31977-8

Ⅰ. ①微⋯　Ⅱ. ①李⋯　②余⋯　Ⅲ. ①微积分－高等学校－教学参考资料　Ⅳ. ①O172

中国版本图书馆 CIP 数据核字（2017）第 139737 号

策划编辑：章海涛　　　　　　文字编辑：孟　宇
责任编辑：章海涛
印　　刷：北京虎彩文化传播有限公司
装　　订：北京虎彩文化传播有限公司
出版发行：电子工业出版社
　　　　　北京市海淀区万寿路 173 信箱　邮编：100036
开　　本：787×1092　1/16　　印张：9.75　　字数：125 千字
版　　次：2018 年 3 月第 1 版
印　　次：2023 年 1 月第 6 次印刷
定　　价：26.00 元

凡所购买电子工业出版社图书有缺损问题，请向购买书店调换。若书店售缺，请与本社发行部联系，联系及邮购电话：(010) 88254888，88258888。

质量投诉请发邮件至 zlts@phei.com.cn，盗版侵权举报请发邮件至 dbqq@phei.com.cn。

本书咨询联系方式：192910558（QQ 群）。

前　言

信息安全与国家的军事、外交、政治、金融甚至我们的日常生活息息相关，已成为信息科学领域、社会科学领域重要的研究课题。数学基础犹如信息安全学科之根茎，支撑着信息安全领域的理论创新与技术进步。

微积分是高等学校工科类专业、经管类专业一门重要的数学基础课。能否用数学的思维、方法去思考、推理以及定量分析一些自然现象和经济现象，是衡量民族科学文化素质的重要标志，提高数学素养在培养高素质人才中有着不可替代的作用。

本书是与《微积分学》（下册）（吴正昌，蔡燧林，孙海娜编著）配套的学习辅导用书，内容包括向量代数与空间解析几何、多元函数微分学、重积分、常微分方程。本书主要面向使用该教材的学生，也可供使用该教材的教师作为参考。本书分成三大部分：第一部分为基础题，根据《微积分学》的章节顺序和教学进度，选出适量的习题并留有解题空间作为作业供学生练习，同时也为老师批阅和学生复习提供了方便；第二部分为提高题，在原有的习题难度基础上，结合教材内容和考研大纲筛选出具有一定综合性的习题，并给出了详细的解题思路和解答过程，还提供了部分习题的多种解法，该部分可作为学有余力的学生提高数学解题能力的参考用书；第三部分为期中、期末样卷，可供学生复习备考之用。

本书的编写自始至终得到浙江大学宁波理工学院领导的支持和关怀，数学组全体老师对各章节习题进行了筛选、演算和校正，并提出了很多宝贵的意见，编者在此一并向他们表示衷心的感谢。

《微积分学》（下册）（吴正昌，蔡燧林，孙海娜编著）在浙江大学宁波理工学院和其他一些院校已经使用十多年，编写与该教材配套的用书是编者多年的心愿，现将长期教学实践积累的点滴写出来，为数学课程的学习带来更多的方便。由于对编写此类书缺乏经验，书中难免存在不足之处，恳请读者批评指正。

编　者

2018 年 2 月

浙江大学宁波理工学院

目　　录

第 9 章　向量代数与空间解析几何基础题 ·· 1
　§9.1　向量和向量运算 ·· 1
　§9.2　空间直角坐标系 ·· 1
　§9.3　标量积、向量积、混合积 ·· 2

第 10 章　多元函数微分学基础题 ··· 4
　§10.1　平面点集多元函数 ··· 4
　§10.2　二元函数的极限和连续性 ·· 4
　§10.3　偏导数 ·· 4
　§10.4　全微分 ·· 6
　§10.5　复合函数的微分法 ··· 6
　§10.6　隐函数求导 ··· 7
　§10.7　多元函数的极值 ·· 9

第 11 章　重积分基础题 ·· 10
　§11.1　二重积分的概念和性质 ·· 10
　§11.2　二重积分的计算 ··· 10

第 12 章　常微分方程基础题 ··· 14
　§12.1　基本概念 ··· 14
　§12.2　可分离变量方程、齐次方程 ·· 14
　§12.3　一阶线性微分方程 ··· 15
　§12.4　线性微分方程的一般理论 ·· 15
　§12.5　常系数线性微积分 ··· 16

向量代数与空间解析几何提高题 ·· 17

多元函数微分学提高题 ··· 19

重积分提高题 ·· 23

常微分方程提高题 ·· 26

《微积分（三）》课程期中考试样卷（一） ··· 28

《微积分（三）》课程期中考试样卷（二） ··· 31

《微积分（三）》课程期中考试样卷（三） ··· 34

《微积分（三）》课程期末考试样卷（一） ··· 37

《微积分（三）》课程期末考试样卷（二） ··· 40

《微积分（三）》课程期末考试样卷（三） ··· 42

第 9 章　向量代数与空间解析几何基础题答案 ··45

第 10 章　多元函数微分学基础题答案 ···46

第 11 章　重积分基础题答案 ···48

第 12 章　常微分方程基础题答案 ···49

向量代数与空间解析几何提高题答案 ···50

多元函数微分学提高题答案 ··52

重积分提高题答案 ···56

常微分方程提高题答案 ··61

《微积分（三）》课程期中考试样卷（一）答案 ··66

《微积分（三）》课程期中考试样卷（二）答案 ··67

《微积分（三）》课程期中考试样卷（三）答案 ··69

《微积分（三）》课程期末考试样卷（一）答案 ··71

《微积分（三）》课程期末考试样卷（二）答案 ··73

《微积分（三）》课程期末考试样卷（三）答案 ··74

第9章 向量代数与空间解析几何

§9.1 向量和向量运算

1. 用向量方法证明平行四边形的对角线必互相平分。

§9.2 空间直角坐标系

2. 已知三角形的三个顶点分别为 $A(1,5,0)$，$B(11,3,8)$，$C(5,11,12)$，求各中线之长。

3. 已知 $\overrightarrow{AB} = 3i + j - k$，$A$ 点的坐标是 $(0,5,3)$，求 B 点的坐标。

4. 从点 $A(2,-1,7)$ 沿向量 $a = 8i + 9i - 12k$ 的方向取一线段 AB，长为 34，求 B 点的坐标。

5. 求下列各向量的模、方向余弦和与其同方向的单位向量。
（1）$a = 2i + 2j - k$；（2）$b = 8i - 9j + 12k$。

6. 已知向量 $\boldsymbol{a}$ 的模为 5，与 x 轴正向的夹角是 $\dfrac{\pi}{4}$，与 y 轴正向的夹角是 $\dfrac{\pi}{3}$，求向量 $\boldsymbol{a}$。

§9.3 标量积、向量积、混合积

7. 已知 $|\boldsymbol{a}|=3$，$|\boldsymbol{b}|=2$，$|\boldsymbol{c}|=4$，且 $\boldsymbol{a}+\boldsymbol{b}+\boldsymbol{c}=0$，求 $\boldsymbol{a}\cdot\boldsymbol{b}+\boldsymbol{b}\cdot\boldsymbol{c}+\boldsymbol{c}\cdot\boldsymbol{a}$。

8. 已知 $\boldsymbol{a}$ 和 $\boldsymbol{b}$ 的夹角 $\theta=\dfrac{2\pi}{3}$，$|\boldsymbol{a}|=3$，$|\boldsymbol{b}|=4$，求：（1）$\boldsymbol{a}\cdot\boldsymbol{b}$；（2）$\boldsymbol{a}\cdot\boldsymbol{a}$；（3）$(3\boldsymbol{a}-2\boldsymbol{b})\cdot(\boldsymbol{a}+2\boldsymbol{b})$。

9. 已知 $\boldsymbol{a}=4\boldsymbol{i}-2\boldsymbol{i}-4\boldsymbol{k}$，$\boldsymbol{b}=6\boldsymbol{i}-3\boldsymbol{i}+2\boldsymbol{k}$，求：（1）$\boldsymbol{a}\cdot\boldsymbol{b}$；（2）$\boldsymbol{a}\cdot\boldsymbol{a}$；（3）$(3\boldsymbol{a}-2\boldsymbol{b})\cdot(\boldsymbol{a}+2\boldsymbol{b})$。

10. 求向量 $\boldsymbol{a}=\boldsymbol{i}+\boldsymbol{j}-4\boldsymbol{k}$ 和 $\boldsymbol{b}=\boldsymbol{i}-2\boldsymbol{j}+2\boldsymbol{k}$ 的夹角。

11. 已知两点 $M(4,\sqrt{2},1)$ 和 $P(3,0,2)$，计算 $\overrightarrow{MP}$ 的模、方向余弦和方向角，并证明 $\overrightarrow{MP}$ 与 $\overrightarrow{MO}$ 的夹角是锐角，其中 O 是坐标原点。

12. 证明向量 $(\boldsymbol{b}\cdot\boldsymbol{c})\boldsymbol{a}-(\boldsymbol{a}\cdot\boldsymbol{c})\boldsymbol{b}$ 与向量 $\boldsymbol{c}$ 垂直。

13. 已知三点 $A(a,0,0)$，$B(0,b,0)$，$C(0,0,c)$，求三角形 ABC 的面积和 AB 上的高 h。

14. 已知 $\boldsymbol{a}=\{2,-3,1\}$，$\boldsymbol{b}\{1,-1,3\}$，$\boldsymbol{c}\{1,-2,0\}$，求：（1）$(\boldsymbol{a}\cdot\boldsymbol{b})\boldsymbol{c}-(\boldsymbol{a}\cdot\boldsymbol{c})\boldsymbol{b}$；（2）$\boldsymbol{a}\times\boldsymbol{b}$；（3）$(\boldsymbol{a}+\boldsymbol{b})\times(\boldsymbol{a}-\boldsymbol{b})$。

15. 求与向量 $\boldsymbol{a}=2\boldsymbol{i}+2\boldsymbol{j}+\boldsymbol{k}$ 和 $\boldsymbol{b}=-\boldsymbol{i}+5\boldsymbol{j}+3\boldsymbol{k}$ 都垂直的单位向量。

16. 已知 $|\boldsymbol{a}|=1$，$|\boldsymbol{b}|=2$，$\boldsymbol{a}$ 与 $\boldsymbol{b}$ 的夹角为 $\dfrac{2\pi}{3}$，求 $|\boldsymbol{a}\times\boldsymbol{b}|$。

17. 设 $|\boldsymbol{a}|=4$，$|\boldsymbol{b}|=3$，$\boldsymbol{a}$ 与 $\boldsymbol{b}$ 的夹角为 $\dfrac{\pi}{6}$，求以 $\boldsymbol{a}+2\boldsymbol{b}$ 和 $\boldsymbol{a}-3\boldsymbol{b}$ 为边的平行四边形的面积。

18. 设 $|\boldsymbol{a}|=\sqrt{3}$，$|\boldsymbol{b}|=1$，$\boldsymbol{a}$ 与 $\boldsymbol{b}$ 的夹角为 $\dfrac{\pi}{6}$，求向量 $\boldsymbol{a}+\boldsymbol{b}$ 和 $\boldsymbol{a}-\boldsymbol{b}$ 的夹角。

第 10 章　多元函数微分学

§10.1　平面点集多元函数

1. 求下列函数的定义域。

（1）$z = \sqrt{(1-x^2)(1-y^2)}$；（2）$z = \ln(y-x^2) + \sqrt{1-x^2-y^2}$。

§10.2　二元函数的极限和连续性

2. 判断下列函数在 $(x,y) \to (0,0)$ 时是否存在极限，若存在，求极限值。

（1）$f(x,y) = \dfrac{x^2+y^2}{|x|+|y|}$；（2）$f(x,y) = \dfrac{\sin(x^2-y^2)}{x^2+y^2}$；

（3）$f(x,y) = \dfrac{1-\cos(xy)}{x^2+y^2}$；（4）$f(x,y) = \dfrac{x+y}{x-y}$。

§10.3　偏导数

3. 求下列函数的偏导数。

（1）$z = \sqrt{(\ln(xy))}$；（2）$z = (1+xy)^y$；

（3）$u = \arctan(x-y)^z$；（4）$z = \mathrm{e}^x(\cos y + x\sin y)$。

4．设 $f(x,y) = \sqrt[3]{x^2+y^2}$，求 $f_x'(1,1)$，$f_y'(1,2)$。

5．设 $f(x,y) = x + (y-1)\arcsin\sqrt{\dfrac{x}{4y}}$，求 $f_x'(2,1)$。

6．求下列函数的所有二阶偏导数。
（1）$u = x^4 + y^4 - 4x^2y^2$；（2）$u = \ln(x^2+y)$。

7．设 $z = \ln(\mathrm{e}^x + \mathrm{e}^y)$，验证下列等式等立。
（1）$\dfrac{\partial z}{\partial x} + \dfrac{\partial z}{\partial y} = 1$；（2）$\left(\dfrac{\partial^2 z}{\partial x^2}\right)\left(\dfrac{\partial^2 z}{\partial y^2}\right) - \left(\dfrac{\partial^2 z}{\partial x\partial y}\right)^2 = 0$。

8．设 $z = 2\cos^2\left(x - \dfrac{t}{2}\right)$，证明 $2\dfrac{\partial^2 z}{\partial t^2} + \dfrac{\partial^2 z}{\partial x\partial t} = 0$。

§10.4 全微分

9. 求下列函数的全微分。

（1）$z = \ln(x^2 + y^2)$；（2）$z = \mathrm{e}^{\frac{y}{x}}$；（3）$u = x^{yz}$。

10. 当 $x = 1$，$y = 2$ 时，求函数 $z = \ln(1 + x^2 + y^2)$ 的全微分。

11. 计算 $\sqrt{1.02^3 + 1.97^3}$ 的近似值。

§10.5 复合函数的微分法

12. 设 $u = \dfrac{\mathrm{e}^{ax}(y - z)}{a^2 + 1}$，$y = a\sin x$，$z = \cos x$，求 $\dfrac{\mathrm{d}u}{\mathrm{d}x}$。

13. 设下面的 f 都有一阶连续偏导数，求下列函数的一阶偏导数。
（1）$u = f(x^2 - y^2, \mathrm{e}^{xy})$；（2）$u = f(x, xy, xyz)$；（3）$u = f(x^2 + y^2, x^2 - y^2, 2xy)$。

14. 设 f 有连续二阶偏导数，$u = f(x+y, x-y)$，求 $\dfrac{\partial^2 u}{\partial x^2}, \dfrac{\partial^2 u}{\partial y^2}, \dfrac{\partial^2 u}{\partial x \partial y}$。

15. 设 f 有连续二阶偏导数，$u = f(x^2 + y^2 + z^2)$，求 $\dfrac{\partial^2 u}{\partial x \partial y}$。

16. 设 f, φ 具有连续二阶偏导数或导数，$z = f(x + \varphi(y))$，证明 $\dfrac{\partial z}{\partial x} \cdot \dfrac{\partial^2 z}{\partial x \partial y} = \dfrac{\partial z}{\partial y} \cdot \dfrac{\partial^2 z}{\partial x^2}$。

17. 设 f 有连续偏导数，$u = f(x, y, z)$，$x = t$，$y = t^2$，$z = t^3$，求 $\dfrac{\mathrm{d}u}{\mathrm{d}t}$。

18. 设 f 是可微函数，$u = \sin x + f(\sin y - \sin x)$，证明 $\dfrac{\partial u}{\partial y} \cos x + \dfrac{\partial u}{\partial x} \cos y = \cos x \cos y$。

§10.6 隐函数求导

19. 设 $x^2 + y^2 + z^2 - 6xz = 0$，求 $\dfrac{\partial z}{\partial x}, \dfrac{\partial z}{\partial y}$。

20. 设 $xyz = x + y + z$，求 $\dfrac{\partial^2 z}{\partial x \partial y}$。

21. 设 $e^z = x + y + z$，求 $\dfrac{\partial^2 z}{\partial x \partial y}$。

22. 设 $x - az = \varphi(y - bz)$，其中 a，b 为常数，φ 可导，求 $\dfrac{\partial z}{\partial x}, \dfrac{\partial z}{\partial y}$。

23. 设 $f(cx - az, cy - bz) = 0$，其中 f 有连续偏导数，证明 $a\dfrac{\partial z}{\partial x} + b\dfrac{\partial z}{\partial y} = c$。

24. 设 z 是由方程确定的隐函数，求 $\mathrm{d}z$。

（1） $x^2 - 2y^2 + 3z^2 - yz + y = 0$；

（2） $x^2 + y^2 + z^2 = f(ax + by + cz)$，其中 f 有连续偏导数，a，b，c 是常数。

25. 设 $u = u(x, y)$ 由方程 $u = f(x + u, yu)$ 确定，其中 f 有连续偏导数，求 $\dfrac{\partial u}{\partial x}, \dfrac{\partial u}{\partial y}$。

§10.7　多元函数的极值

26. 求下列函数的极值点。
（1）$z = x^2 - xy + y^2 - 2x + y$；（2）$z = \mathrm{e}^{2x}(x + y^2 + 2y)$。

27. 求函数 $z = x^2 - y^2$ 在闭区域 $D = \{(x, y) \mid x^2 + y^2 \leqslant 4\}$ 上的最大值，最小值。

28. 设四个正数 a, b, c, d 的和为常数 4λ，求乘积 $u = abcd$ 的最大值。

第 11 章　重积分

§11.1　二重积分的概念和性质

1. 用二重积分的几何意义求下列积分值。

(1) $\iint\limits_{D}\sqrt{1-x^2-y^2}\,\mathrm{d}\sigma$，$D=\{(x,y)\mid x^2+y^2\leqslant 1\}$；

(2) $\iint\limits_{D}3\mathrm{d}\sigma$，$D=\{(x,y)\mid x+y\leqslant 1,y-x\leqslant 1,y\geqslant 0\}$。

2. 根据二重积分性质，比较下列积分的大小。

$\iint\limits_{D}(x+y)^2\mathrm{d}\sigma$ 与 $\iint\limits_{D}(x+y)^3\mathrm{d}\sigma$，其中 $D=\{(x,y)\mid (x-2)^2+(y-2)^2\leqslant 2\}$。

§11.2　二重积分的计算

3. 计算 $\iint\limits_{D}x^2y\mathrm{d}\sigma$，其中 D 是由 $y=x^2,x=1,y=0$ 所围成的区域。

4. 计算 $\iint\limits_{D} \dfrac{x^2}{y^2}\mathrm{d}\sigma$，其中 D 是由 $xy=1, y=x, y=2$ 所围成的区域。

5. 计算 $\iint\limits_{D} xy\mathrm{d}\sigma$，其中 D 是由曲线 $y^2=x$ 与直线 $x+y=2$ 所围成的区域。

6. 交换下列二次积分的积分次序。

（1） $\displaystyle\int_0^1 \mathrm{d}y \int_y^{\sqrt{y}} f(x,y)\mathrm{d}x$ ；（2） $\displaystyle\int_{-1}^1 \mathrm{d}x \int_0^{\sqrt{1-x^2}} f(x,y)\mathrm{d}y$ ；

（3） $\displaystyle\int_1^2 \mathrm{d}x \int_{2-x}^{\sqrt{2x-x^2}} f(x,y)\mathrm{d}y$ ；（4） $\displaystyle\int_{-a}^0 \mathrm{d}x \int_{-\sqrt{a^2-x^2}}^0 f(x,y)\mathrm{d}y + \int_0^a \mathrm{d}x \int_{x-a}^0 f(x,y)\mathrm{d}y$ 。

7. 计算下列二重积分：

（1） $\iint\limits_{D} |y-x^2|\mathrm{d}\sigma$，其中 $D=\{(x,y)\,|\,0\leqslant x\leqslant 1, 0\leqslant y\leqslant 1\}$ ；

（2）$\iint\limits_{D} xy^2 d\sigma$，其中 D 是圆周 $x^2 + y^2 = 4$ 与 y 轴所围成的右半闭区域。

8．计算 $\iint\limits_{D} e^{-y^2} d\sigma$，其中 D 为直线 $x = 0, y = 1, y = x$ 所围成的区域。

9．用极坐标法计算下列二重积分。

（1）$\iint\limits_{D} \sin\sqrt{x^2 + y^2} d\sigma$，$D: \pi^2 \leqslant x^2 + y^2 \leqslant 4\pi^2$；

（2）$\iint\limits_{D} (x^2 + y^2) d\sigma$，$D: x^2 + y^2 \leqslant 2y$；

（3）$\iint\limits_{D} \arctan\dfrac{y}{x} d\sigma$，$D: 1 \leqslant x^2 + y^2 \leqslant 4$，$0 \leqslant y \leqslant x$；

（4）$\iint\limits_{D} |x^2 + y^2 - 4| d\sigma$，$D: x^2 + y^2 \leqslant 9$。

10. 求平面曲线 $\dfrac{x^2}{a^2} + \dfrac{y^2}{b^2} = 1(a > 0, b > 0)$ 所围成的面积。

11. 计算以 xOy 平面上的圆周 $x^2 + y^2 = ax$ 围成的闭区域为底，且以曲面 $z = x^2 + y^2$ 为顶的曲顶柱体的体积。

第 12 章　常微分方程

§12.1　基本概念

1. 验证函数 $y = -6\cos 2x + 8\sin 2x$ 是方程 $y'' + y' + \dfrac{5}{2}y = 25\cos 2x$ 的解，且满足初始条件 $y|_{x=0} = -6$，$y'|_{x=0} = 16$。

§12.2　可分离变量方程、齐次方程

2. 求出下列可分离变量方程的解。

（1）$\sqrt{1-y^2}\,\mathrm{d}x + y\sqrt{1-x^2}\,\mathrm{d}y = 0$；（2）$2(x^2-1)yy' = (2x+3)(1+y^2)$；

（3）$\sin x\cos y - y'\cos x\sin y = 0$；（4）$y' = \dfrac{2x\ln x + x}{\sin y + y\cos y}$，$y|_{x=1} = \dfrac{\pi}{2}$；

（5）$(\mathrm{e}^{x+y} - \mathrm{e}^x)\mathrm{d}x + (\mathrm{e}^{x+y} + \mathrm{e}^y)\mathrm{d}y = 0$。

3. 求下列齐次方程的解。

（1） $\dfrac{\mathrm{d}y}{\mathrm{d}x} = \dfrac{2xy}{x^2 + y^2}$ ；（2） $\dfrac{\mathrm{d}y}{\mathrm{d}x} = \dfrac{y}{x}(1 + \ln y - \ln x)$ 。

§12.3　一阶线性微分方程

4. 求下列线性方程的解。

（1） $y' + \dfrac{1}{x}y = \dfrac{\sin x}{x}$ ；

（2） $\dfrac{\mathrm{d}y}{\mathrm{d}x} = x^2 - \dfrac{y}{x}$ ；

（3） $y' + 2xy + x = \mathrm{e}^{-x^2}$ ， $y|_{x=0} = 2$ ；

（4） $\dfrac{\mathrm{d}x}{\mathrm{d}t} + 3x = \mathrm{e}^{2t}$ ；

（5） $\cos x \dfrac{\mathrm{d}y}{\mathrm{d}x} = y\sin x + \cos^2 x$ 。

§12.4　线性微分方程的一般理论

5. 验证 x 和 e^x 都是方程 $(x-1)y'' - xy' + y = 0$ 的解，并写出该方程的通解。

§12.5 常系数线性微积分

6．求下列方程的解。

（1）$y'' - 4y' + 3y = 0$；

（2）$y'' + 2\sqrt{2}y' + 2y = 0$；

（3）$y'' + 2y' + 3y = 0$；

（4）$y'' - 5y' + 4y = 0, y|_{x=0} = 5, y'|_{x=0} = 8$；

（5）$y'' + 2y' + 10y = 0, y|_{x=0} = 1, y'|_{x=0} = 2$；

（6）$y'' - 4y' + 4y = 0, y|_{x=0} = 1, y'|_{x=0} = 1$。

7．求下列方程的解。

（1）$y'' + y = xe^{-x}$；

（2）$y'' + 6y' + 5y = -10x + 8$；

（3）$y'' + 2y' + y = 2e^{-x}$；

（4）$y'' + 4y = \cos 2x, y|_{x=0} = 0, y'|_{x=0} = 2$。

向量代数与空间解析几何提高题

1. 三角形 ABC 是等腰三角形，$AB = AC$，用向量方法试证顶角 $\angle A$ 的外角平分线平行于底边 BC。

2. 求点 $M(4, -3, 5)$ 到各坐标轴的距离。

3. 设 a, b 为任意向量，证明 $|a - b|^2 + |a + b|^2 = 2(|a|^2 + |b|^2)$，试说明等式的几何意义。

4. 设 $a + b + c = 0$，$|a| = 3$，$|b| = 5$，$|c| = 7$。求 a、b 的夹角。

5. 设 $a \times b = c \times d$，$a \times c = b \times d$，证明 $a - d$ 与 $b - c$ 平行。

6. 设 $a + b + c = 0$，证明 $a \times b = b \times c = c \times a$。

7. 设 $a = \{1,1,0\}$ ， $b = \{1,0,1\}$ ，已知单位向量 c 与 a ， b 共面且 $c \perp b$ ，求向量 c 。

8. 设 $a \neq 0$ ，证明向量 b 与 a 平行的充分必要条件是存在实数 k ，使得 $b = ka$ 。

多元函数微分学提高题

1. 求 $\lim\limits_{\substack{x\to 0\\y\to 0}}\dfrac{\sqrt{x^2+y^2}-\sin\sqrt{x^2+y^2}}{(x^2+y^2)^{\frac{3}{2}}}$。

2. 求 $\lim\limits_{\substack{x\to\infty\\y\to a}}\left(1+\dfrac{1}{x}\right)^{\frac{x^2}{x+y}}$ （a 为常数）。

3. 求 $\lim\limits_{\substack{x\to 0\\y\to 0}}\left(x^2+y^2\right)^{x^2y^2}$。

4. 讨论函数 $f(x,y)=\begin{cases}\dfrac{x^3y}{x^6+y^2}, & (x,y)\neq(0,0)\\ 0, & (x,y)=(0,0)\end{cases}$，在点 $(0,0)$ 处的连续性。

5. 设函数 $z = f(xy, yg(x))$，其中函数 f 具有二阶连续偏导数，函数 $g(x)$ 可导且在 $x=1$ 处取得极值，$g(1)=1$，求 $\dfrac{\partial^2 z}{\partial x \partial y}\bigg|_{\substack{x=1 \\ y=1}}$。

6. 设函数 $z = f\left[x^2, \varphi\left(\dfrac{y}{x}\right)\right]$，其中 $f(u,v)$ 具有二阶连续偏导数，$\varphi(t)$ 具有二阶导数，求 $\dfrac{\partial z}{\partial x}, \dfrac{\partial^2 z}{\partial x \partial y}$。

7. 设 $z = \dfrac{1}{x} f(xy) + y\varphi(x+y)$，$f, \varphi$ 具有二阶连续导数，求 $\dfrac{\partial^2 y}{\partial x \partial y}$。

8. 设 $u = yf\left(\dfrac{x}{y}\right) + xg\left(\dfrac{y}{x}\right)$，其中函数 f, g 具有二阶连续导数，求 $x\dfrac{\partial^2 u}{\partial x^2} + y\dfrac{\partial^2 u}{\partial x \partial y}$。

9. 设 $f(u,v)$ 具有二阶连续偏导数，且满足 $\dfrac{\partial^2 f}{\partial u^2} + \dfrac{\partial^2 f}{\partial v^2} = 1$ 和 $g(x,y) = f\left[xy, \dfrac{1}{2}(x^2 - y^2)\right]$，求 $\dfrac{\partial^2 g}{\partial x^2} + \dfrac{\partial^2 g}{\partial y^2}$。

10. 设函数 $z = z(x, y)$ 由方程 $z = e^{2x-3z} + 2y$ 确定，求 $3\dfrac{\partial z}{\partial x} + \dfrac{\partial z}{\partial y}$ 的值。

11. 设函数 $u = f(x, y, z)$ 有连续偏导数，且 $z = z(x, y)$ 由方程 $xe^x - ye^y = ze^z$ 所确定，求 du。

12. 设 $z = z(x, y)$ 是由方程 $x^2 + y^2 - z = \varphi(x + y + z)$ 所确定的函数，其中 φ 具有二阶导数且 $\varphi' \neq -1$。

（1）求 dz；

（2）记 $u(x, y) = \dfrac{1}{x-y}\left(\dfrac{\partial z}{\partial x} - \dfrac{\partial z}{\partial y}\right)$，求 $\dfrac{\partial u}{\partial x}$。

13. 设 f 是可微函数，$f(x + zy^{-1}, y + zx^{-1}) = 0$，证明 $x\dfrac{\partial z}{\partial x} + y\dfrac{\partial z}{\partial y} = z - xy$。

14. 设 f 是可微函数，$x^2 + y^2 + z^2 = yf\left(\dfrac{z}{y}\right)$，证明 $(x^2 - y^2 - z^2)\dfrac{\partial z}{\partial x} + 2xy\dfrac{\partial z}{\partial y} = 2xz$。

15. 设 $u = f(x, y, z)$ 有连续的一阶偏导数，且函数 $y = y(x)$ 及 $z = z(x)$ 分别由下列两式确定：$\mathrm{e}^{xy} - xy = 2$ 和 $\mathrm{e}^x = \int_0^{x-z} \dfrac{\sin t}{t} \mathrm{d}t$，求 $\dfrac{\mathrm{d}u}{\mathrm{d}x}$。

16. 设 $f(x, y, z) = 0$，$z = g(x, y)$，求 $\dfrac{\mathrm{d}y}{\mathrm{d}x}$，$\dfrac{\mathrm{d}z}{\mathrm{d}x}$。

17. 求 $f(x, y) = x^2(2 + y^2) + y\ln y$ 的极值。

18. 设 $z = z(x, y)$ 是由 $x^2 - 6xy + 10y^2 - 2yz - z^2 + 18 = 0$ 确定的函数，求 $z = z(x, y)$ 的极值点和极值。

19. 求函数 $z = x^2 + y^2 + 2x + y$ 在区域 D：$x^2 + y^2 \leq 1$ 上的最大值与最小值。

20. 已知函数 $z = f(x, y)$ 的全微分 $\mathrm{d}z = 2x\mathrm{d}x - 2y\mathrm{d}y$，并且 $f(1,1) = 2$，求 $f(x, y)$ 在椭圆区域 $D = \left\{ (x, y) \,\middle|\, x^2 + \dfrac{y^2}{4} \leq 1 \right\}$ 上的最大值和最小值。

重积分提高题

1. 求由曲线 $y = \ln x$ 与两直线 $y = (e+1) - x$ 及 $y = 0$ 所围成的平面图形的面积。

2. 计算二重积分 $\iint\limits_{D} \sqrt{y^2 - xy}\,\mathrm{d}x\mathrm{d}y$，其中 D 是由直线 $y = x, y = 1, x = 0$ 所围成的平面区域。

3. 求 $\int_0^1 \mathrm{d}x \int_x^{\sqrt{x}} \dfrac{\sin y}{y}\mathrm{d}y$。

4. 求 $\int_1^2 \mathrm{d}x \int_{\sqrt{x}}^x \sin\dfrac{\pi x}{2y}\mathrm{d}y + \int_2^4 \mathrm{d}x \int_{\sqrt{x}}^2 \sin\dfrac{\pi x}{2y}\mathrm{d}y$。

5. 设函数 $f(x)$ 在区间 $[0,1]$ 上连续，并设 $\int_0^1 f(x)\mathrm{d}x = A$。求 $\int_0^1 \mathrm{d}x \int_x^1 f(x)f(y)\mathrm{d}y$。

6. 计算二重积分 $\iint\limits_D e^{\max\{x^2,y^2\}}\mathrm{d}\sigma$，其中 $D = \{(x,y)\,|\,0 \leqslant x \leqslant 1, 0 \leqslant y \leqslant 1\}$。

7. 计算 $\iint\limits_D y\left[1 + xe^{\frac{1}{2}(x^2+y^2)}\right]\mathrm{d}x\mathrm{d}y$，其中 D 是由直线 $y=x$，$y=-1$ 及 $x=1$ 围成的区域。

8. 计算 $\iint\limits_D \sqrt{x^2+y^2}\mathrm{d}\sigma$，其中 D 是由 $x^2+y^2 = x+y$ 围成的区域。

9. 计算 $\iint\limits_D \sqrt{\dfrac{1-x^2-y^2}{1+x^2+y^2}}\mathrm{d}\sigma$，$D$：$x^2+y^2 \leqslant 1$。

10. 计算 $\iint\limits_D \dfrac{\sqrt{x^2+y^2}}{\sqrt{4a^2-x^2-y^2}}\mathrm{d}\sigma$，其中 D 是由曲线 $y=-a+\sqrt{a^2-x^2}\,(a>0)$ 和直线 $y=-x$ 围成的区域。

11. 计算二重积分 $\iint\limits_{D}|x^2+y^2-1|\mathrm{d}\sigma$，其中 $D=\{(x,y)\,|\,0\leqslant x\leqslant 1,0\leqslant y\leqslant 1\}$。

12. 设 $D=\{(x,y)\,|\,1\leqslant x+y\leqslant 2,xy\geqslant 0\}$，选择适当坐标系，计算二重积分 $\iint\limits_{D}\mathrm{e}^{\frac{y}{x+y}}\mathrm{d}\sigma$。

13．计算二重积分 $I=\iint\limits_{D}\mathrm{e}^{-(x^2+y^2-\pi)}\sin(x^2+y^2)\mathrm{d}x\mathrm{d}y$。其中积分区域 $D=\{(x,y)\,|\,x^2+y^2\leqslant\pi\}$。

14. 计算二重积分 $I=\iint\limits_{D}r^2\sin\theta\sqrt{1-r^2\cos 2\theta}\,\mathrm{d}r\mathrm{d}\theta$，其中 $D=\left\{(r,\theta)\,|\,0\leqslant r\leqslant\sec\theta,0\leqslant\theta\leqslant\dfrac{\pi}{4}\right\}$。

15. 已知函数 $f(x,y)$ 具有二阶连续偏导数，且 $f(1,y)=0,f(x,1)=0,\iint\limits_{D}f(x,y)\mathrm{d}x\mathrm{d}y=a$，其中 $D=\{(x,y)\,|\,0\leqslant x\leqslant 1,0\leqslant y\leqslant 1\}$，计算二重积分 $I=\iint\limits_{D}xyf''_{xy}(x,y)\mathrm{d}x\mathrm{d}y$。

常微分方程提高题

1. 求下列方程的解。

（1） $y^2 + x^2 \dfrac{\mathrm{d}y}{\mathrm{d}x} = xy \dfrac{\mathrm{d}y}{\mathrm{d}x}$；

（2） $\left(1 + 2\mathrm{e}^{\frac{x}{y}}\right)\mathrm{d}x + 2\mathrm{e}^{\frac{x}{y}}\left(1 - \dfrac{x}{y}\right)\mathrm{d}y = 0$；

（3） $\dfrac{\mathrm{d}y}{\mathrm{d}x} = \dfrac{1}{x - 2y}$；

（4） $\dfrac{\mathrm{d}y}{\mathrm{d}x} = \dfrac{\cos y}{\cos y \sin 2y - x \sin y}$；

（5） $(x - 2xy - y^2)\dfrac{\mathrm{d}y}{\mathrm{d}x} + y^2 = 0$；

2. 求一曲线的方程，该曲线通过点 $(0,1)$ 且曲线上任一点处的切线垂直于此点与原点的连线。

3. 求过点 $\left(\dfrac{1}{2}, 0\right)$ 且满足关系式 $y'\arcsin x + \dfrac{y}{\sqrt{1 - x^2}} = 1$ 的曲线方程。

4. 做适当的变换求下列方程的通解。

（1）$x\dfrac{\mathrm{d}y}{\mathrm{d}x}+x+\sin(x+y)=0$；（2）$\dfrac{\mathrm{d}y}{\mathrm{d}x}=\dfrac{1}{x-y}+1$；（3）$2yy'=\mathrm{e}^{\frac{x^2+y^2}{x}}+\dfrac{x^2+y^2}{x}-2x$；

5. 设 $f(x)$ 是可微函数，并且满足 $f(x)+2\displaystyle\int_0^x f(t)\mathrm{d}t=x^2$，求 $f(x)$。

6. 设函数 $f(x)$ 可微且满足关系式 $\displaystyle\int_0^x [2f(t)-1]\mathrm{d}t=f(x)-1$，求 $f(x)$。

7. 设函数 $f(t)$ 在 $[0.+\infty]$ 上连续，且满足方程 $f(t)=\mathrm{e}^{4\pi t^2}+\displaystyle\iint_{x^2+y^2\leqslant 4t^2} f\left(\dfrac{1}{2}\sqrt{x^2+y^2}\right)\mathrm{d}x\mathrm{d}y$，求 $f(t)$。

8. 设函数 $f(u)$ 具有二阶连续导数，而 $z=f(\mathrm{e}^x\sin y)$ 满足方程 $\dfrac{\partial^2 z}{\partial x^2}+\dfrac{\partial^2 z}{\partial y^2}=\mathrm{e}^{2x}z$，求 $f(u)$。

《微积分（三）》课程期中考试样卷（一）

姓名_____学号_____考生所在学院_____专业班级_____

题序	一	二	三	总分
得分				

一、向量代数与空间解析几何（每题8分，共32分）

1. 设点 $A(1,2,3)$、$B(-3,0,-1)$，求：（1）点 A 关于 xOy 平面对称点 A_{xy} 的坐标；（2）AB 中点 P 的坐标。

2. 设向量 a,b,c 满足：$|a|=1, |b|=2, |c|=\sqrt{3}$，且 $a+b+c=0$。
求：（1）$b \cdot c = -3$；（2）向量 b,c 之间的夹角 α

3. 设向量 a,b 满足：$|a|=2, |b|=3$，且 a,b 之间的夹角 $\theta = \dfrac{2}{3}\pi$。
求：（1）$(a-2b) \cdot (2a+b)$；（2）当 k 取何值时，向量 $a-2b$ 与 $ka+b$ 垂直。

二、多元函数微分学（第 1～3 题，每题 8 分；第 4～7 题，每题 10 分；共 64 分）

1. 求极限：（1）$\lim\limits_{(x,y)\to(0,3)}\dfrac{\ln(1+xy^2)}{\sin 3x}$；（2）$\lim\limits_{(x,y)\to(0,0)}\dfrac{xy}{|x|+|y|}$。

2. 设 $f(x,y)=(x-1)^2\arctan(1+y^2)+(x-2)\dfrac{x^2-y^2}{x^2+y^2}$，求 $f_x'(2,0)$，$f_y'(2,0)$。

3. 求函数 $z=\ln(1+x^3+y^3)$ 在点 $P(1,1)$ 处的全微分 $\mathrm{d}z\big|_{(1,1)}$。

4. 由方程 $x^3z+xy^2+\mathrm{e}^z=1$ 确定 $z=z(x,y)$，计算 $\dfrac{\partial z}{\partial x}$ 和 $\dfrac{\partial^2 z}{\partial x\partial y}\bigg|_{\substack{x=0\\y=1}}$。

5. 设 $z=f\left(\dfrac{x}{y},x^2-y^2\right)$，且 f 具有二阶连续偏导数，求 $\dfrac{\partial z}{\partial x},\dfrac{\partial^2 z}{\partial x\partial y}$。

6. 设 $f(x,y) = \begin{cases} \dfrac{x^2+y^2}{|x|+|y|} & x^2+y^2 \neq 0 \\ 0 & \text{其他} \end{cases}$ ，证明 $f(x,y)$ 在 $(0,0)$ 处连续但偏导数不存在。

7. 求函数 $z = x^2 - 2xy + 2y^2 - 6x + 4y + 9$ 的极小值。

三、证明题（4 分）

设 $f\left(x-\dfrac{z}{y}, y-\dfrac{z}{x}\right) = 0$ ，且 f 具有一阶连续偏导数，证明 $x\dfrac{\partial z}{\partial x} + y\dfrac{\partial z}{\partial y} = xy + z$ 。

《微积分（三）》课程期中考试样卷（二）

姓名_____学号_____考生所在学院（系）_____专业班级_____

题序	一	二	三	总分
题型				
得分				
评卷人				

一、简单计算（每题 7 分，共 28 分）

1. 已知 $z = x^2 y - xy^2$，求 $\dfrac{\partial z}{\partial x}, \dfrac{\partial^2 z}{\partial x \partial y}$。

2. 设 $z = \arctan \dfrac{y}{x} + (1+xy)^y$，求 $\dfrac{\partial z}{\partial x}, \dfrac{\partial z}{\partial y}, \mathrm{d}z \big|_{(1,1)}$。

3. $z = (1+x+y)^{xy}$，求 $\dfrac{\partial z}{\partial x}, \dfrac{\partial z}{\partial y}$。

4、已知 $\boldsymbol{a} = \{2, -3, 1\}$，$\boldsymbol{b} = \{1, -1, 3\}$，求 $\boldsymbol{a} \cdot \boldsymbol{b}, \boldsymbol{a} \times \boldsymbol{b}$ 及 $\boldsymbol{a}$、$\boldsymbol{b}$ 夹角。

二、计算题（每题 8 分，共 64 分）。

1. 求 $f(x,y) = e^{x-y}(x^2 - 2y^2)$ 的极值点和极值。

2. 已知函数 $z = (x^2 + y^2)f(e^{x+y})$，$f$ 可微，求 $\dfrac{\partial z}{\partial x}, \dfrac{\partial z}{\partial y}$ 及 dz。

3. 已知 $z = f(x^2 y, xy^2)$，求 $\dfrac{\partial z}{\partial x}, \dfrac{\partial z}{\partial y}$。

4. 已知方程 $e^z = xyz$ 确定了 $z = z(x,y)$，求 $\dfrac{\partial^2 z}{\partial x \partial y}$。

5. 已知 $z = f(x^2 + y^2, x^2 - y^2)$，$f$ 有连续的二阶偏导数，求 $\dfrac{\partial^2 z}{\partial x^2}, \dfrac{\partial^2 z}{\partial y^2}$。

6. 方程 $\ln(x^2 + z^2) = x + y + z$ 确定 $z = z(x,y)$，求 $\dfrac{\partial z}{\partial x}, \dfrac{\partial z}{\partial y}$。

7. 已知 $u = f(x, y, z)$，$z = g(x, y)$，求 $\dfrac{\partial u}{\partial x}, \dfrac{\partial u}{\partial y}$。

8. 设 $z = \displaystyle\int_{y}^{x} e^{t^2} \mathrm{d}t$，求 $\dfrac{\partial z}{\partial x}, \dfrac{\partial z}{\partial y}$。

三、证明题（8分）。

设 f，φ 具有连续的二阶偏导数，$z = f(x + \varphi(y))$，证明 $\dfrac{\partial z}{\partial x} \cdot \dfrac{\partial^2 z}{\partial x \partial y} = \dfrac{\partial z}{\partial y} \cdot \dfrac{\partial^2 z}{\partial x^2}$。

《微积分（三）》课程期中考试样卷（三）

姓名_____ 学号_____ 考生所在学院_____ 专业班级_____

题序	一	二	三	总分
题型				
得分				
评卷人				

一、简单计算（每题 6 分，共 60 分）。

1. 设 $z = \arctan \dfrac{y}{x} + (1+xy)^y$，求 $\dfrac{\partial z}{\partial x}, \dfrac{\partial z}{\partial y}$。

2. 已知 $|a| = 4$，$|b| = 2$，$|a-b| = 2\sqrt{7}$，求 $\cos <a, b>$。

3. 已知 $z = f(x^2 - y^2, e^{xy})$，其中 f 有二阶偏导数，求 $\dfrac{\partial^2 z}{\partial x \partial y}$。

4. 已知方程 $e^z = x + y - z$ 确定了 $z = z(x, y)$，且 $z = z(x, y)$ 可微，求 dz。

5. 已知 $z = f\left(x^2 + \dfrac{x}{y}\right)$，求 $\dfrac{\partial z}{\partial x}, \dfrac{\partial^2 z}{\partial x \partial y}$。

6. 设函数 $z = z(x, y)$ 是由方程 $z = e^{2x-3z} + 2y$ 确定，求 $3\dfrac{\partial z}{\partial x} + \dfrac{\partial z}{\partial y}$ 的值。

7. 设 $f(x, y) = \begin{cases} \sqrt{x^2 + y^2}\,\sin\dfrac{1}{x^2 + y^2}, & (x, y) \neq (0, 0) \\ 0, & (x, y) = (0, 0) \end{cases}$，讨论 $f(x, y)$ 在 $(0, 0)$ 处的连续性，并求 $(0, 0)$ 处的一阶偏导数值。

8. 设 $z(x, y) = \displaystyle\int_{y^2}^{x^2} e^{t^2}\,\mathrm{d}t$，求 $\dfrac{\partial z}{\partial x}, \dfrac{\partial z}{\partial y}$。

9. 设 $z = f(x^2 + y^2, \varphi(xy))$，求 $\mathrm{d}z$。

10. 设 $z = \dfrac{(x - 2y)^2}{2x + y}$，求 $\dfrac{\partial z}{\partial x}, \dfrac{\partial z}{\partial y}$。

二、综合计算（每题 10 分，共 40 分）

1. 设 $u = f(x,y,z)$，$\varphi(x^2, e^y, z) = 0$，$y = \sin x$，其中 f，φ 具有一阶连续偏导数，且 $\dfrac{\partial \varphi}{\partial z} \neq 0$，求 $\dfrac{\mathrm{d}u}{\mathrm{d}z}$。

2. 求 $f(x,y) = 4x - 4y - x^2 - y^2$ 的极值。

3. 设 $f(x,y,z) = 0$，$z = g(x,y)$，求 $\dfrac{\mathrm{d}y}{\mathrm{d}x}, \dfrac{\mathrm{d}z}{\mathrm{d}x}$。

4. 设函数 $z = f(u)$，方程 $u = \varphi(u) + \displaystyle\int_y^x p(t)\mathrm{d}t$ 确定 u 是 x，y 的函数，其中 $f(u)$，$\varphi(u)$ 可微，$p(t)$，$\varphi'(u)$ 连续，且 $\varphi'(u) \neq 1$，求 $p(y)\dfrac{\partial z}{\partial x} + p(x)\dfrac{\partial z}{\partial y}$。

《微积分（三）》课程期末考试样卷（一）

姓名_____ 学号_____ 考生所在学院_____ 专业班级_____

题序	一	二	三	总分
题型	简单计算题	综合计算题	证明题	
得分				
评卷人				

一、简单计算（每题 5 分，共 25 题）。

1. $z = e^{x^2 + y^2}$，求 $\dfrac{\partial z}{\partial x}, \dfrac{\partial z}{\partial y}$ 及 dz 。

2. $z = (1 + xy)^y$，求 $\dfrac{\partial z}{\partial x}, \dfrac{\partial z}{\partial y}$ 。

3. 已知 $\boldsymbol{a} = \{1, 1, -4\}$，$\boldsymbol{b} = \{1, -2, 2\}$，求 $\boldsymbol{a} \cdot \boldsymbol{b}, \boldsymbol{a} \times \boldsymbol{b}$ 及 $\boldsymbol{a}$、$\boldsymbol{b}$ 夹角。

4. 已知 $z = f(x^2 + y^2, x^2 - y^2)$，求 $\dfrac{\partial z}{\partial x}, \dfrac{\partial z}{\partial y}$ 。

5. 交换累次积分 $\int_1^2 \mathrm{d}x \int_{2-x}^{\sqrt{2x-x^2}} f(x,y)\mathrm{d}y$ 的积分次序。

二、综合计算题（每题 7 分，共 70 分）

1. 方程 $\mathrm{e}^z = xyz$ 确定 $z = z(x,y)$，求 $\dfrac{\partial z}{\partial x}, \dfrac{\partial z}{\partial y}$。

2. 计算二重积分 $\iint\limits_D xy\mathrm{d}\sigma$，其中 D 由 $y = x^2$ 和 $y = x$ 围成。

3. 解方程 $\dfrac{\mathrm{d}y}{\mathrm{d}x} + 2xy = 4x$。

4. 计算二重积分 $\iint\limits_D |x^2 + y^2 - 1|\mathrm{d}\sigma$，其中 $D = \{(x,y)\,|\,x^2 + y^2 \leqslant 4\}$。

5. 求 $\iint\limits_D \mathrm{e}^{-y^2}\mathrm{d}\sigma$，其中 D 为直线 $x = 0$，$y = 1$，$y = x$ 所围成的区域。

6. 已知 $z = f(x+y, xy)$，f 有连续的二阶偏导数，求 $\dfrac{\partial^2 z}{\partial x \partial y}$。

7. 求方程 $y'' - y = 4x\mathrm{e}^x$ 的解。

8. 求方程 $\dfrac{\mathrm{d}y}{\mathrm{d}x} = \dfrac{1}{x-y}$ 的通解。

9. 设 $f(x)$ 为连续函数，且满足 $f(x) = 2\displaystyle\int_0^x f(t)\mathrm{d}t + \mathrm{e}^{2x} + 1$，求 $f(x)$ 的表达式。

10. 计算二重积分 $\displaystyle\iint\limits_{D}(x^2 + y^2)\mathrm{d}\sigma$，其中 $D = \{(x,y) \mid x^2 + y^2 \leqslant 2x\}$。

三、证明题（5分）

已知 $z = \mathrm{e}^{-\left(\frac{1}{x} + \frac{1}{y}\right)}$，证明 $x^2 \dfrac{\partial z}{\partial x} + y^2 \dfrac{\partial z}{\partial y} = 2z$。

《微积分（三）》课程期末考试样卷（二）

姓名_____ 学号_____ 考生所在学院_____ 专业班级_____

题序	一 填空题	二 选择题	三						总分
			13	14	15	16	17	18	
得分									
评卷人									

一、判断题（每题 3 分，共 15 分，请在括号内将你认为正确的打 √，错误的打 ×）

1. 若函数 $f(x,y)$ 在 (x_0,y_0) 处的两个偏导数都存在，则 $f(x,y)$ 在 (x_0,y_0) 处可微。（　　）

2. 函数 $z = \begin{cases} \dfrac{x^2}{\sqrt{x^2+y^2}}, & x^2+y^2 \neq 0 \\ 0, & x^2+y^2=0 \end{cases}$ 在 $(0,0)$ 处连续。（　　）

3. 设 $\boldsymbol{a}$，$\boldsymbol{b}$，$\boldsymbol{c}$ 为三个非零向量，若 $\boldsymbol{a} \times \boldsymbol{b} = \boldsymbol{a} \times \boldsymbol{c}, \boldsymbol{a} \cdot \boldsymbol{b} = \boldsymbol{a} \cdot \boldsymbol{c}$，则 $\boldsymbol{b} = \boldsymbol{c}$。（　　）

4. 若 $f(x,y)$ 为连续函数，则 $\int_0^1 \mathrm{d}x \int_{x^2}^x f(x,y)\mathrm{d}y = \int_0^1 \mathrm{d}y \int_y^{\sqrt{y}} f(x,y)\mathrm{d}x$。（　　）

5. 若 $\lim\limits_{x^2+y^2 \to 0} \dfrac{\phi(x,y)}{x^2+y^2} = 1$，则 $\left.\dfrac{\partial \phi}{\partial x}\right|_{(0,0)} = \left.\dfrac{\partial \phi}{\partial y}\right|_{(0,0)}$。（　　）

二、填空题（每题 4 分，共 28 分）

6. 方程 $y'' = y$ 的通解为_____。

7. 设函数 $z = f(x,y)$ 由方程 $x^2+y^2+z^2 = 3$ 所确定，则 $\left.\dfrac{\partial z}{\partial x}\right|_{(1,1,1)} = $_____。

8. 向量 $\boldsymbol{a} = \boldsymbol{i} - \boldsymbol{j} + 2\boldsymbol{k}$ 与 $\boldsymbol{b} = 2\boldsymbol{i} + \boldsymbol{j} - \boldsymbol{k}$ 的数量积 $\boldsymbol{a} \cdot \boldsymbol{b}$_____。

9. 设 $f(x,y) = x + xy^2 + \mathrm{e}^{x \sin y}$，则 $f_x'(1,0)$_____。

10. 计算 $\iint\limits_{x^2+y^2=1} \sqrt{1-x^2-y^2}\,\mathrm{d}x\mathrm{d}y = $_____。

11. 函数 $f(x,y) = 2x^2 + ax + bxy^2 + 2y$ 在点 $(1,-1)$ 处取得极值，则 $a = $_____，$b = $_____。

12. 微分方程 $(x+y)\mathrm{d}x + x\mathrm{d}y = 0$ 的通解为_____。

三、解答题（共 57 分，需要写出演算步骤或证明过程。）

13.（10 分）计算由极坐标曲线 $r^2 = \cos(2\theta)$ 所围的平面区域 D 的面积。

14.（10分）已知 $z = (x^2 + y^2)^x$，求 $\dfrac{\partial z}{\partial x}$，$\dfrac{\partial^2 z}{\partial x^2}$。

15.（10分）求二重积分 $\displaystyle\int_0^1 \mathrm{d}x \int_{-1}^1 (1+y)x^y \mathrm{d}y$。

16.（10分）设 $F(u,v)$ 有连续的一阶导数，$F(1,0) = 0$，$F_u'(1,0) = F_v'(1,0) = 1$。函数 $y = y(x)$ 是方程 $F(x^2 - y^2, \mathrm{e}^x \ln(1+y)) = 0$ 在点 $(1,0)$ 附近所确定的隐函数，计算 $y'(1)$。

17.（9分）求一阶线性微分方程 $\dfrac{\mathrm{d}y}{\mathrm{d}x} - \dfrac{2y}{x+1} = (x+1)^2 \cos x$ 的通解。

18.（8分）求二阶常系数齐次微分方程 $y'' + 2y' - 3y = 0$ 满足初始条件 $y(0) = 1$，$y'(0) = 5$ 的解。

《微积分（三）》课程期末考试样卷（三）

姓名_____ 学号_____ 考生所在学院_____ 专业班级_____

题序	一	二 1~3题	二 4~6题	二 7~9题	二 10~12题	总分
题型						
得分						
评卷人						

一、填空题（每题 3 分，共 30 分）

1. 设向量 $a = \{2,3,-1\}$ 与 $b = \{3,k,4\}$ 垂直，则 $k =$ _____。

2. 设向量 $a = \{1,2,0\}$ 与 $b = \{3,5,2\}$，则 $a \times b =$ _____。

3. 极限 $\lim\limits_{\substack{x \to 0 \\ y \to 1}} \dfrac{\sqrt{4+xy}-2}{xy} =$ _____。

4. 设函数 $f(x,y,z) = xy^2 + yz^2 + zx^2$，则 $f''_{xz}(4,-1,2) =$ _____。

5. 设函数 $\varphi(u)$ 可导，$z = \varphi(x^2 + y^2)$，则 $y\dfrac{\partial z}{\partial x} + x\dfrac{\partial z}{\partial y} =$ _____。

6. 设函数 $u = xyz$，则全微分 $\mathrm{d}u =$ _____。

7. 交换累次积分 $I = \displaystyle\int_1^e \mathrm{d}x \int_0^{\ln x} f(x,y)\mathrm{d}y$ 的次序，则 $I =$ _____。

8. 设闭区域 $D = \{(x,y) \,|\, (x-2)^2 + y^2 \le 4\}$，则二重积分 $\displaystyle\iint\limits_D \mathrm{d}\sigma =$ _____。

二、运算题（应写出必要的解题步骤，共 12 题；第 1~11 题，每题 6 分；第 12 题 4 分，共 70 分）

1. 设 $M_1(0,1,2)$，$M_2(2,-1,3)$ 是空间的两点，求与向量 $\overrightarrow{M_1M_2}$ 方向相反，模为 6 的向量 a 的坐标表达式。

2. 设向量 $|a| = 2$，$|b| = 3$，且 $|a-b| = \sqrt{17}$，求：（1）$a \cdot b$；（2）$(a+2b) \cdot (2a-b)$。

3. 设函数 $z = \mathrm{e}^{x^2 y + \frac{1}{y}}$，求 $\dfrac{\partial z}{\partial x}, \dfrac{\partial z}{\partial y}, \dfrac{\partial^2 z}{\partial x^2}$。

4. 设函数 $z = \arctan \dfrac{u}{v}$，$u = xy$，$v = x^2 + y^2$，求 $\dfrac{\partial z}{\partial u}, \dfrac{\partial z}{\partial v}, \dfrac{\partial z}{\partial x}$。

5. 设函数 $f(u,v)$ 具有二阶连续偏导数，$z = f(x, xy^2)$，求 $\dfrac{\partial z}{\partial x}, \dfrac{\partial^2 z}{\partial x \partial y}$。

6. 设函数 $z = z(x, y)$ 由方程 $x^3 + z^3 - yz = 1$ 所确定，求 $\dfrac{\partial z}{\partial x}$，$\dfrac{\partial z}{\partial y}$。

7. 求函数 $f(x, y) = 4(x - y) - 2(x - 1)^2 - y^2$ 的极值（要判断是极大值还是极小值）。

8. 计算二重积分 $\iint\limits_{D} xy^3 \mathrm{d}\sigma$，其中 D 是由抛物线 $y^2 = 2x$ 及直线 $y = x$ 所围成的平面有界闭区域。

9. 计算二重积分 $\iint\limits_{D} \sin(x^2 + y^2)\mathrm{d}\sigma$，其中区域 $D = \{(x,y) \mid x^2 + y^2 \leqslant \pi, y \geqslant 0\}$。

10. 求微分方程 $xy\mathrm{d}y = \sqrt{1+y^2}\,\mathrm{d}x$ 满足初始条件 $y|_{x=1} = 0$ 的特解。

11. 求微分方程 $\dfrac{\mathrm{d}y}{\mathrm{d}x} - \dfrac{1}{x+1}y = x+1$ 的通解。

12. 设函数 $f(x,y)$ 连续，且 $f(x,y) = x^2 + y^2 - 3\iint\limits_{D} f(2x, 2y)\mathrm{d}\sigma$，其中二重积分的区域 $D = \{(x,y) \mid 0 \leqslant x \leqslant 1, 0 \leqslant y \leqslant 1\}$，求 $f(x,y)$。

第9章 向量代数与空间解析几何基础题答案

1. 略。

2. $\sqrt{153}$，$\sqrt{93}$，$\sqrt{114}$。

3. $(3,6,2)$。

4. $(18,17,-17)$。

5. （1）3，$\boldsymbol{a}^0 = (\cos\alpha, \cos\beta, \cos\gamma) = \left\{\dfrac{2}{3}, \dfrac{2}{3}, \dfrac{-1}{3}\right\}$；

   （2）17，$\boldsymbol{b}^0 = (\cos\alpha, \cos\beta, \cos\gamma) = \left\{\dfrac{8}{17}, \dfrac{-9}{17}, \dfrac{12}{17}\right\}$。

6. $\left\{\dfrac{5\sqrt{2}}{2}, \dfrac{5}{2}, \pm\dfrac{5}{2}\right\}$。

7. $-\dfrac{29}{2}$。

8. （1）-6；（2）9；（3）-61。

9. （1）22；（2）36；（3）0。

10. $\dfrac{3}{4}\pi$。

11. 模：2；方向余弦：$-\dfrac{1}{2}$，$-\dfrac{\sqrt{2}}{2}$，$\dfrac{1}{2}$；方向角：$\dfrac{2\pi}{3}$，$\dfrac{3\pi}{4}$，$\dfrac{\pi}{3}$。

12. 略。

13. $\dfrac{1}{2}\sqrt{a^2b^2 + a^2c^2 + b^2c^2}$，$\sqrt{a^2b^2 + a^2c^2 + b^2c^2}\big/\sqrt{a^2+b^2}$。

14. （1）$\{0,-8,-24\}$；（2）$\{-8,-5,1\}$；（3）$\{16,10,-2\}$。

15. $\pm\dfrac{1}{\sqrt{194}}\{1,-7,12\}$。

16. $\sqrt{3}$。

17. 30。

18. $\arccos\dfrac{2}{\sqrt{7}}$。

第10章　多元函数微分学基础题答案

1. （1）$\{(x,y)\,|\,x^2 \geqslant 1, y^2 \geqslant 1$ 或 $x^2 \leqslant 1, y^2 \leqslant 1\}$；（2）$\{(x,y)\,|\,y > x^2, x^2+y^2 \leqslant 1\}$。

2. （1）存在极限，0；（2）不存在极限；（3）存在极限，0；（3）不存在极限。

3. （1）$\dfrac{\partial z}{\partial x} = \dfrac{1}{2x\sqrt{\ln xy}}$，$\dfrac{\partial z}{\partial y} = \dfrac{1}{2y\sqrt{\ln xy}}$；

  （2）$\dfrac{\partial z}{\partial x} = y^2(1+xy)^{y-1}$，$\dfrac{\partial z}{\partial y} = (1+xy)^y\left(\ln(1+xy) + \dfrac{xy}{1+xy}\right)$；

  （3）$\dfrac{\partial u}{\partial x} = \dfrac{z(x-y)^{z-1}}{1+(x-y)^{2z}}$，$\dfrac{\partial u}{\partial y} = -\dfrac{z(x-y)^{z-1}}{1+(x-y)^{2z}}$，$\dfrac{\partial u}{\partial z} = \dfrac{(x-y)^z\ln(x-y)}{1+(x-y)^{2z}}$；

  （4）$\dfrac{\partial z}{\partial x} = \mathrm{e}^x[\cos y + (x+1)\sin y]$，$\dfrac{\partial z}{\partial y} = \mathrm{e}^x(x\cos y - \sin y)$。

4. $f_x'(1,1) = \dfrac{1}{3}\sqrt[3]{2}$，$f_y'(1,2) = \dfrac{4}{15}\sqrt[3]{5}$。

5. $f_x'(2,1) = 1$。

6. （1）$\dfrac{\partial^2 u}{\partial x^2} = 12x^2 - 8y^2,\ \dfrac{\partial^2 u}{\partial y^2} = 12y^2 - 8x^2,\ \dfrac{\partial^2 u}{\partial x \partial y} = -16xy$；

  （2）$\dfrac{\partial^2 u}{\partial x^2} = \dfrac{2(y-x^2)}{(y+x^2)^2}$，$\dfrac{\partial^2 u}{\partial y^2} = \dfrac{-1}{(y+x^2)^2}$，$\dfrac{\partial^2 u}{\partial x \partial y} = -\dfrac{2x}{(y+x^2)^2}$。

7，8．略。

9. （1）$\dfrac{2(x\mathrm{d}x + y\mathrm{d}y)}{x^2+y^2}$；（2）$\mathrm{e}^{\frac{y}{x}}\dfrac{x\mathrm{d}y - y\mathrm{d}x}{x^2}$；（3）$yzx^{yz-1}\mathrm{d}x + x^{yz}z\ln x\mathrm{d}y + x^{yz}y\ln x\mathrm{d}z$。

10. $\dfrac{1}{3}\mathrm{d}x + \dfrac{2}{3}\mathrm{d}y$。

11. 2.95。

12. $\mathrm{e}^{ax}\sin x$。

13. （1）$\dfrac{\partial u}{\partial x} = 2xf_1' + y\mathrm{e}^{xy}f_2'$，$\dfrac{\partial u}{\partial y} = -2yf_1' + x\mathrm{e}^{xy}f_2'$；

  （2）$\dfrac{\partial u}{\partial x} = f_1' + yf_2' + yzf_3'$，$\dfrac{\partial u}{\partial y} = xf_2' + xzf_3'$，$\dfrac{\partial u}{\partial z} = xyf_3'$；

  （3）$\dfrac{\partial u}{\partial x} = 2xf_1' + 2xf_2' + 2yf_3'$，$\dfrac{\partial u}{\partial y} = 2yf_1' - 2yf_2' + 2xf_3'$。

14. $\dfrac{\partial^2 u}{\partial x^2} = f_{11}'' + 2f_{12}'' + f_{22}''$，$\dfrac{\partial^2 u}{\partial y^2} = f_{11}'' - 2f_{12}'' + f_{22}''$，$\dfrac{\partial^2 u}{\partial x \partial y} = f_{11}'' - f_{22}''$。

15. $\dfrac{\partial^2 u}{\partial x \partial y} = 4xyf''(x^2 + y^2 + z^2)$。

16．略。

17. $\dfrac{\mathrm{d}u}{\mathrm{d}t} = \dfrac{\partial f}{\partial x} + 2t\dfrac{\partial f}{\partial y} + 3t^2\dfrac{\partial f}{\partial z}$。

18. 略。

19. $\dfrac{\partial z}{\partial x} = \dfrac{3z-x}{z-3x}$, $\dfrac{\partial z}{\partial y} = \dfrac{-y}{z-3x}$。

20. $\dfrac{\partial^2 z}{\partial x \partial y} = \dfrac{2(x+y)}{(xy-1)^3}$。

21. $\dfrac{\partial^2 z}{\partial x \partial y} = -\dfrac{\mathrm{e}^z}{(\mathrm{e}^z-1)^3}$。

22. $\dfrac{\partial z}{\partial x} = \dfrac{1}{a-b\varphi'(y-bz)}$, $\dfrac{\partial z}{\partial y} = \dfrac{\varphi'(y-bz)}{b\varphi'(y-bz)-a}$。

23. 略。

24. （1）$\mathrm{d}z = \dfrac{1}{6z-y}[-2x\mathrm{d}x + (4y+z-1)\mathrm{d}y]$；

（2）$\mathrm{d}z = \dfrac{1}{2z-cf'}[(af'-2x)\mathrm{d}x + (bf'-2y)\mathrm{d}y]$。

25. $\dfrac{\partial u}{\partial x} = \dfrac{f_1'}{1-f_1'-yf_2'}$, $\dfrac{\partial u}{\partial y} = \dfrac{uf_2'}{1-f_1'-yf_2'}$。

26. （1）极小点 $(1,0)$；（2）极小点 $\left(\dfrac{1}{2},-1\right)$。

27. 最大值为 4，最小值为 -4。

28. 最大值为 λ^4。

第 11 章 重积分基础题答案

1. （1）$\dfrac{2}{3}\pi$；（2）3。

2. $\displaystyle\iint\limits_{D}(x+y)^2\mathrm{d}\sigma < \iint\limits_{D}(x+y)^3\mathrm{d}\sigma$。

3. $\dfrac{1}{14}$。

4. $\dfrac{27}{64}$。

5. $-\dfrac{45}{8}$。

6. （1）$\displaystyle\int_0^1\mathrm{d}x\int_{x^2}^{x}f(x,y)\mathrm{d}y$；（2）$\displaystyle\int_0^1\mathrm{d}y\int_{-\sqrt{1-y^2}}^{\sqrt{1-y^2}}f(x,y)\mathrm{d}x$；

  （3）$\displaystyle\int_0^1\mathrm{d}y\int_{2-y}^{1+\sqrt{1-y^2}}f(x,y)\mathrm{d}x$；（4）$\displaystyle\int_a^0\mathrm{d}y\int_{-\sqrt{a^2-y^2}}^{y+a}f(x,y)\mathrm{d}x$。

7. （1）$\dfrac{11}{30}$；（2）$\dfrac{64}{15}$。

8. $\dfrac{1}{2}(1-\mathrm{e}^{-1})$。

9. （1）$-6\pi^2$；（2）$\dfrac{3}{2}\pi$；（3）$\dfrac{3\pi^2}{64}$；（4）$\dfrac{41}{2}\pi$。

10. πab。

11. $\dfrac{2}{32}\pi a^4$。

第 12 章　常微分方程基础题答案

1. 略。

2. （1）$\arcsin x - \sqrt{1-y^2} = c$（及 $y = \pm 1$）；

　　（2）$y^2 = c(x-1)^2\sqrt{\dfrac{x-1}{x+1}} - 1$；

　　（3）$\cos y = c\cos x$；

　　（4）$y\sin y = x^2\ln x + \dfrac{\pi}{2}$；

　　（5）$(e^x+1)(e^y-1) = c$。

3. （1）$x^2 - y^2 = cy$（及 $y = 0$）；

　　（2）$y = xe^{cx}$。

4. （1）$y = \dfrac{1}{x}(-\cos x + c)$；

　　（2）$y = \dfrac{x^3}{4} + \dfrac{c}{x}$；

　　（3）$y = \left(x + \dfrac{5}{2}\right)e^{-x^2} - \dfrac{1}{2}$；

　　（4）$x = ce^{-3t} + \dfrac{1}{5}e^{2t}$；

　　（5）$y = \dfrac{1}{2}\sin x + \dfrac{1}{\cos x}\left(\dfrac{x}{2} + c\right)$。

5. $y = c_1 x + c_2 e^x$。

6. （1）$y = c_1 e^x + c_2 e^{3x}$；

　　（2）$y = (c_1 + c_2 x)e^{-\sqrt{2}x}$；

　　（3）$y = e^{-x}(c_1\cos\sqrt{2}x + c_2\sin\sqrt{2}x)$；

　　（4）$y = 4e^x + e^{4x}$；

　　（5）$y = e^{-x}(\cos 3x + \sin 3x)$；

　　（6）$y = (1-x)e^{2x}$。

7. （1）$y = c_1\cos x + c_2\sin x + \dfrac{1}{2}(x+1)e^{-x}$；

　　（2）$y = c_1 e^{-x} + c_2 e^{-5x} - 2x + 4$；

　　（3）$y = (c_1 + c_2 x)e^{-x} + x^2 e^{-x}$；

　　（4）$y = \left(1 + \dfrac{1}{4}x\right)\sin 2x$。

向量代数与空间解析几何提高题答案

1. 证：如解题图 1 延长 BA 使 $BA = AD$，连接 DC，AE 平分 $\angle CAD$ 交 CD 于点 E。

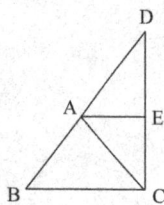

解题图 1

因为 $AB = AC$，$AB = AD$，得 $AC = AD$，又因为 $\angle CAE = \angle DAE$，$AE = AE$，因此 $\triangle CAE \cong \triangle DAE$，得 $CE = DE$，所以 $\overrightarrow{DE} = \frac{1}{2}\overrightarrow{DC}$。又 $BA = AD$，所以 $\overrightarrow{AD} = \frac{1}{2}\overrightarrow{BD}$。

因此，$\overrightarrow{AE} = \overrightarrow{AD} + \overrightarrow{DE} = \frac{1}{2}\overrightarrow{BD} + \frac{1}{2}\overrightarrow{DC} = \frac{1}{2}(\overrightarrow{BD} + \overrightarrow{DC})$，即 $\overrightarrow{AE} \text{ // } \overrightarrow{BC}$ 且 $\overrightarrow{AE} = \frac{1}{2}\overrightarrow{BC}$。

这就证明了顶角 $\angle A$ 的外角平分线平行于底边 BC。

2. 解：过点 M 向各坐标轴作垂线的垂足依次是：$N_1 = (4,0,0), N_2 = (0,-3,0)$，$N_3 = (0,0,5)$。因此 M 到各坐标轴的距离依次为：$dx = |N_1M| = \sqrt{0 + (-3)^2 + 5^2} = \sqrt{34}$；$dy = |N_2M| = \sqrt{4^2 + 0 + 5^2} = \sqrt{41}$；$dz = |N_3M| = \sqrt{4^2 + (-3)^2 + 0} = 5$。

3. 证：$|a - b|^2 + |a + b|^2 = (a - b) \cdot (a - b) + (a + b) \cdot (a + b)$

$= a \cdot a - 2a \cdot b + b \cdot b + a \cdot a + 2a \cdot b + b \cdot b$

$= 2(a \cdot a + b \cdot b) = 2(|a|^2 + |b|^2)$

几何意义：平行四边形对角线的平方和等于四条边的平方和。

4. 解：由 $a + b + c = 0$，得 $a + b = -c$，$(a + b) \cdot c = -|c|^2 = -49$，即 $a \cdot c + b \cdot c = -49$。

同理，$a + c = -b$，$(a + c) \cdot b = -|b|^2 = -25$，即 $a \cdot b + b \cdot c = -25$。

$b + c = -a$，$(b + c) \cdot a = -|a|^2 = -9$，即 $a \cdot b + a \cdot c = -9$。

因此，$a \cdot b = \frac{15}{2}$，$b \cdot c = -\frac{65}{2}$，$a \cdot c = -\frac{33}{2}$，

$\cos\langle a, b\rangle = \frac{a \cdot b}{|a| \cdot |b|} = \frac{\frac{15}{2}}{15} = \frac{1}{2}$，得 $\langle a, b\rangle = \frac{\pi}{3}$。

5. 证：设：因为 $(a - d) \times (b - c) = a \times b - a \times c - d \times b + d \times c$

$= c \times d - b \times d - d \times b + d \times c = -d \times c + d \times b - d \times b + d \times c = 0$，

由定理 9.1，得 $a - d$ 与 $b - c$ 平行。

6. 证：由 $a + b + c = 0$，得 $a = -b - c$，

因此 $a \times b = (-b - c) \times b = -b \times b - c \times b = 0 - c \times b = b \times c$。

同理，$b = -a - c$，$a \times b = a \times (-a - c) = -a \times a - a \times c = c \times a$。得证。

7. 解：由 c 与 a，b 共面，得 $c \perp (a \times b)$。

50

令 $d = a \times b = \begin{vmatrix} i & j & k \\ 1 & 1 & 0 \\ 1 & 0 & 1 \end{vmatrix} = \{1, -1, -1\}$。

又 $c \perp b$，得 c 必平行于 $b \times d$。

$b \times d = \begin{vmatrix} i & j & k \\ 1 & 0 & 1 \\ 1 & -1 & -1 \end{vmatrix} = \{1, 2, -1\}$。

得到 $b \times d$ 方向的单位向量是 $\dfrac{b \times d}{|b \times d|} = \dfrac{1}{\sqrt{6}}\{1, 2, -1\}$。

所以，单位向量 $c = \pm \dfrac{1}{\sqrt{6}}\{1, 2, -1\}$。

8．证：充分性显然成立；

必要性，设 $b // a$，取 $|k| = \dfrac{|b|}{|a|}$，当 b 与 a 同向时 k 取正值，当 b 与 a 反向时 k 取负值，即有 $b = ka$。

因为，此时 b 与 ka 同向，且 $|ka| = |k||a| = \dfrac{|b|}{|a|}|a| = |b|$。

多元函数微分学提高题答案

1. 解：令 $t=\sqrt{x^2+y^2}$，则

$$\lim_{\substack{x\to 0\\y\to 0}}\frac{\sqrt{x^2+y^2}-\sin\sqrt{x^2+y^2}}{(x^2+y^2)^{\frac{3}{2}}}=\lim_{t\to 0^+}\frac{t-\sin t}{t^3}=\lim_{t\to 0^+}\frac{1-\cos t}{3t^2}=\lim_{t\to 0^+}\frac{\frac{1}{2}t^2}{3t^2}=\frac{1}{6}.$$

2. 解：$\lim\limits_{\substack{x\to\infty\\y\to a}}\left(1+\dfrac{1}{x}\right)^{\frac{x^2}{x+y}}=\lim\limits_{\substack{x\to\infty\\y\to a}}\left[\left(1+\dfrac{1}{x}\right)^x\right]^{\frac{x}{x+y}}=\mathrm{e}.$

3. 解：由于 $0\leqslant\left|x^2y^2\ln(x^2+y^2)\right|\leqslant\left|\dfrac{(x^2+y^2)^2}{4}\ln(x^2+y^2)\right|$，因此 $\lim\limits_{\substack{x\to 0\\y\to 0}}(x^2+y^2)^{x^2y^2}=\mathrm{e}^{\lim\limits_{\substack{x\to 0\\y\to 0}}(x^2+y^2)\ln(x^2+y^2)}$

因为 $\lim\limits_{\substack{x\to 0\\y\to 0}}\dfrac{(x^2+y^2)^2}{4}\ln(x^2+y^2)\xlongequal{\text{令}x^2+y^2=t}\lim\limits_{t\to 0^+}\dfrac{t^2}{4}\ln t=\dfrac{1}{4}\lim\limits_{t\to 0^+}\dfrac{\ln t}{\frac{1}{t^2}}=\dfrac{1}{4}\lim\limits_{t\to 0^+}\dfrac{\frac{1}{t}}{-\frac{2}{t^3}}=0$，所以

$\lim\limits_{\substack{x\to 0\\y\to 0}}(x^2+y^2)^{x^2y^2}=\mathrm{e}^0=1.$

4. 解：当 $(x,y)\neq(0,0)$ 时，由于 $f(x,y)$ 是初等多元函数，在 $(x,y)\neq(0,0)$ 点有意义，所以 $f(x,y)$ 在 $(x,y)\neq(0,0)$ 点连续。

当 $(x,y)\neq(0,0)$ 时，由于 $\lim\limits_{\substack{x\to 0\\y=kx^3}}\dfrac{x^3\cdot kx^3}{x^6+k^2x^6}=\dfrac{k}{1+k^2}=\begin{cases}0,&k=0\\1,&k=1\end{cases}$。所以 $f(x,y)$ 在 $(0,0)$ 处不连续。

5. 解：$\dfrac{\partial z}{\partial x}=f_1'\cdot y+f_2'\cdot yg'(x)$，因为 $g(x)$ 在 $x=1$ 处取得极值，所以 $g'(1)=0$。则

$$\left.\frac{\partial z}{\partial x}\right|_{x=1}=f_1'[y,yg(1)]\cdot y=f_1'(y,y)\cdot y$$

$$\left.\frac{\partial^2 z}{\partial x\partial y}\right|_{\substack{x=1\\y=1}}=\left.\frac{\partial}{\partial y}[f_1'(y,y)\cdot y]\right|_{y=1}=f_1'(1,1)+f_{11}''(1,1)+f_{12}''(1,1)$$

6. 解：$\dfrac{\partial z}{\partial x}=f_1'\cdot 2x+f_2'\cdot\varphi'\cdot\dfrac{y}{x^2}$；

$\dfrac{\partial^2 z}{\partial x\partial y}=2x\left(f_{12}''\cdot\varphi'\cdot\dfrac{1}{x}\right)+\left(f_{22}''\cdot\varphi'\cdot\dfrac{1}{x}\right)\cdot\varphi'\cdot\dfrac{-y}{x^2}+f_2'\cdot\varphi'\cdot\dfrac{1}{x}\cdot\dfrac{y}{x^2}+f_2'\cdot\varphi'\cdot\dfrac{-1}{x^2}.$

7. 解：$\dfrac{\partial z}{\partial x}=-\dfrac{1}{x^2}f+\dfrac{1}{x}f'\cdot y+y\varphi'$；

$\dfrac{\partial^2 z}{\partial x\partial y}=-\dfrac{1}{x^2}f'\cdot x+\dfrac{1}{x}\cdot[yf''\cdot x+f']+\varphi'+y\varphi''=yf''+\varphi'+y\varphi''.$

8. 解：$\dfrac{\partial u}{\partial x}=yf'\cdot\dfrac{1}{y}+g+xg'\cdot\left(-\dfrac{y}{x^2}\right)=f'+g-\dfrac{y}{x}g'$；

$$\frac{\partial^2 u}{\partial x^2}=f''\cdot\frac{1}{y}+g'\cdot\left(-\frac{y}{x^2}\right)-y\left[-\frac{1}{x^2}g'+\frac{1}{x}g''\cdot\left(-\frac{y}{x^2}\right)\right]=\frac{1}{y}f''+\frac{y^2}{x^3}g'';$$

$$\frac{\partial^2 u}{\partial x\partial y}=f''\cdot\left(-\frac{x}{y^2}\right)-\frac{y}{x^2}g''; \quad \text{所以 } x\frac{\partial^2 u}{\partial x^2}+y\frac{\partial^2 u}{\partial x\partial y}=0 \text{。}$$

9. 解：$\dfrac{\partial g}{\partial x}=yf_1'+xf_2'$，$\dfrac{\partial g}{\partial y}=xf_1'-yf_2'$，记 $f_1'=\dfrac{\partial f}{\partial u}$，$f_2'=\dfrac{\partial f}{\partial v}$。

$$\frac{\partial^2 g}{\partial x^2}=y^2\frac{\partial^2 f}{\partial u^2}+2xy\frac{\partial^2 f}{\partial u\partial v}+x^2\frac{\partial^2 f}{\partial v^2}+\frac{\partial f}{\partial v}; \quad \frac{\partial^2 g}{\partial y^2}=x^2\frac{\partial^2 f}{\partial u^2}-2xy\frac{\partial^2 f}{\partial u\partial v}+y^2\frac{\partial^2 f}{\partial v^2}-\frac{\partial f}{\partial v};$$

所以 $\dfrac{\partial^2 g}{\partial x^2}+\dfrac{\partial^2 g}{\partial y^2}=(x^2+y^2)\left(\dfrac{\partial^2 f}{\partial u^2}+\dfrac{\partial^2 f}{\partial v^2}\right)=x^2+y^2$。

10. 解：对等式两边微分，有

$$\mathrm{d}z=\mathrm{e}^{2x-3z}(2\mathrm{d}x-3\mathrm{d}z)+2\mathrm{d}y$$

$$\mathrm{d}z=\frac{2\mathrm{e}^{2x-3z}}{1+3\mathrm{e}^{2x-3z}}\mathrm{d}x+\frac{2}{1+3\mathrm{e}^{2x-3z}}\mathrm{d}y$$

则 $\dfrac{\partial z}{\partial x}=\dfrac{2\mathrm{e}^{2x-3z}}{1+3\mathrm{e}^{2x-3z}}$，$\dfrac{\partial z}{\partial y}=\dfrac{2}{1+3\mathrm{e}^{2x-3z}}$。所以 $3\dfrac{\partial z}{\partial x}+\dfrac{\partial z}{\partial y}=2$。

11. 解：$\begin{cases}\mathrm{d}u=f_1'\mathrm{d}x+f_2'\mathrm{d}y+f_3'\mathrm{d}z\\(1+z)\mathrm{e}^z\mathrm{d}z=(1+x)\mathrm{e}^x\mathrm{d}x-(1+y)\mathrm{e}^y\mathrm{d}y\end{cases}$，则 $\mathrm{d}u=\left[f_1'+\dfrac{(1+x)\mathrm{e}^x}{(1+z)\mathrm{e}^z}f_3'\right]\mathrm{d}x+\left[f_2'-\dfrac{(1+y)\mathrm{e}^y}{(1+z)\mathrm{e}^z}f_3'\right]\mathrm{d}y$。

12. 解：（1）方程两边同时求全微分，得

$$2x\mathrm{d}x+2y\mathrm{d}y-\mathrm{d}z=\varphi'\cdot(\mathrm{d}x+\mathrm{d}y+\mathrm{d}z)$$

$$\mathrm{d}z=\left(\frac{2x-\varphi'}{\varphi'+1}\right)\mathrm{d}x+\left(\frac{2y-\varphi'}{\varphi'+1}\right)\mathrm{d}y$$

（2）由（1）可知 $\dfrac{\partial z}{\partial x}=\dfrac{2x-\varphi'}{\varphi'+1}$，$\dfrac{\partial z}{\partial y}=\dfrac{2y-\varphi'}{\varphi'+1}$，$u(x,y)=\dfrac{1}{x-y}\left(\dfrac{\partial z}{\partial x}-\dfrac{\partial z}{\partial y}\right)=\dfrac{2}{\varphi'+1}$，则

$$\frac{\partial u}{\partial x}=-2\frac{\varphi''\cdot\left(1+\dfrac{\partial z}{\partial x}\right)}{(\varphi'+1)^2}=-\frac{2\varphi''\cdot(2x+1)}{(\varphi'+1)^3}$$

13. 解：方程两边同时微分，得

$$f_1'\cdot\left[\mathrm{d}x+y^{-1}\mathrm{d}z-zy^{-2}\mathrm{d}y\right]+f_2'\cdot\left[\mathrm{d}y+x^{-1}\mathrm{d}z-zx^{-2}\mathrm{d}x\right]=0$$

$$\mathrm{d}z=\frac{zx^{-2}f_2'-f_1'}{y^{-1}f_1'+x^{-1}f_2'}\mathrm{d}x+\frac{zy^{-2}f_1'-f_2'}{y^{-1}f_1'+x^{-1}f_2'}\mathrm{d}y$$

$$\frac{\partial z}{\partial x}=\frac{zx^{-2}f_2'-f_1'}{y^{-1}f_1'+x^{-1}f_2'}, \quad \frac{\partial z}{\partial y}=\frac{zy^{-2}f_1'-f_2'}{y^{-1}f_1'+x^{-1}f_2'}$$

左边 $=\dfrac{z(y^{-1}f_1'+x^{-1}f_2')-(xf_1'+yf_2')}{y^{-1}f_1'+x^{-1}f_2'}=z-xy=$ 右边，得证。

14，解：方程两边同时微分，得

$$2x\mathrm{d}x + 2y\mathrm{d}y + 2z\mathrm{d}z = f\mathrm{d}y + yf' \cdot \frac{y\mathrm{d}z - z\mathrm{d}y}{y^2}$$

$$\mathrm{d}z = \frac{2x}{f' - 2z}\mathrm{d}x + \frac{2y - f + \frac{z}{y}f'}{f' - 2z}\mathrm{d}y$$

$$\frac{\partial z}{\partial x} = \frac{2x}{f' - 2z}, \quad \frac{\partial z}{\partial y} = \frac{2y - f + \frac{z}{y}f'}{f' - 2z}$$

$$\text{左边} = \frac{2x(x^2 - y^2 - z^2) + 2xy\left(2y - f + \frac{z}{y}f'\right)}{f' - 2z} = \frac{2xz(f' - 2z)}{f' - 2z} = \text{右边}，\text{得证。}$$

15. 解：方程两边关于 x 求导，得

$$e^{xy}(y + xy') + (y + xy') = 0，\quad \text{则 } y' = -\frac{y}{x}$$

$$e^x = \frac{\sin(x - z)}{x - z} \cdot (1 - z')，\quad \text{则 } z' = 1 - \frac{(x - z)e^x}{\sin(x - z)}$$

所以 $\dfrac{\mathrm{d}u}{\mathrm{d}x} = f_1' + f_2' \cdot y' + f_3' \cdot z' = f_1' - \dfrac{y}{x}f_2' + \left(1 - \dfrac{(x - z)e^x}{\sin(x - z)}\right)f_3'$。

16. 解：方程两边同时微分，得

$$\begin{cases} f_1'\mathrm{d}x + f_2'\mathrm{d}y + f_3'\mathrm{d}z = 0 \\ \mathrm{d}z = g_1'\mathrm{d}x + g_2'\mathrm{d}y \end{cases}$$

所以 $\dfrac{\mathrm{d}y}{\mathrm{d}x} = -\dfrac{f_1' + f_3'g_1'}{f_2' + f_3'g_2'}, \dfrac{\mathrm{d}z}{\mathrm{d}x} = \dfrac{f_2'g_1' - f_1'g_2'}{f_2' + f_3'g_2'}$。

17. 解：$\begin{cases} f_x' = 2x(2 + y^2) \\ f_y' = 2x^2 y + \ln y + 1 \end{cases}$，令 $\begin{cases} f_x' = 0 \\ f_y' = 0 \end{cases}$，得唯一驻点 $\left(0, \dfrac{1}{e}\right)$。

由于 $A = f_{xx}''\left(0, \dfrac{1}{e}\right) = 2\left(2 + \dfrac{1}{e^2}\right)$，$B = f_{xy}''\left(0, \dfrac{1}{e}\right) = 0$，$C = f_{yy}''\left(0, \dfrac{1}{e}\right) = e$，则 $B^2 - AC = $

$-2e\left(2 + \dfrac{1}{e^2}\right) < 0$，且 $A > 0$。从而 $f\left(0, \dfrac{1}{e}\right)$ 是 $f(x, y)$ 的极小值，极小值为 $f\left(0, \dfrac{1}{e}\right) = -\dfrac{1}{e}$。

18. 解：方程两边对 x 求导，得

$$2x - 6y - 2y\frac{\partial z}{\partial x} - 2z\frac{\partial z}{\partial x} = 0 \qquad\qquad\qquad ①$$

方程两边对 y 求导，得

$$-6x + 20y - 2z - 2y\frac{\partial z}{\partial y} - 2z\frac{\partial z}{\partial y} = 0 \qquad\qquad ②$$

令 $\begin{cases} \dfrac{\partial z}{\partial x} = 0 \\ \dfrac{\partial z}{\partial y} = 0 \end{cases}$，得 $\begin{cases} x - 3y = 0 \\ -3x + 10y - z = 0 \end{cases}$，即 $\begin{cases} x = 3y \\ z = y \end{cases}$，代入原方程得 $\begin{cases} x = 9 \\ y = 3 \\ z = 3 \end{cases}$ 或 $\begin{cases} x = -9 \\ y = -3 \\ z = -3 \end{cases}$。

再求 $A=\dfrac{\partial^2 z}{\partial x^2}\bigg|_{(9,3,3)}=\dfrac{1}{6}$，$B=\dfrac{\partial^2 z}{\partial x\partial y}\bigg|_{(9,3,3)}=-\dfrac{1}{2}$，$C=\dfrac{\partial^2 z}{\partial y^2}\bigg|_{(9,3,3)}=\dfrac{5}{3}$。

因为 $AC-B^2>0$，$A>0$，所以 $(9,3)$ 为 $z(x,y)$ 的极小值点，极小值为 $z(9,3)=3$。

类似地，$A=\dfrac{\partial^2 z}{\partial x^2}\bigg|_{(-9,-3,-3)}=-\dfrac{1}{6}$，$B=\dfrac{\partial^2 z}{\partial x\partial y}\bigg|_{(-9,-3,-3)}=\dfrac{1}{2}$，$C=\dfrac{\partial^2 z}{\partial y^2}\bigg|_{(-9,-3,-3)}=-\dfrac{5}{3}$。

故 $AC-B^2>0$，$A<0$，则 $(-9,-3)$ 为 $z(x,y)$ 的极大值点。极大值为 $z(-9,-3)=-3$。

19. 解：由于函数在区域 D 上连续，故必有最大值和最小值。

$$\begin{cases}\dfrac{\partial z}{\partial x}=2x+2=0\\[2mm]\dfrac{\partial z}{\partial y}=2y+1=0\end{cases}，\text{得}\begin{cases}x=-1\\[2mm]y=-\dfrac{1}{2}\end{cases}，\left(-1,-\dfrac{1}{2}\right)\notin D，\text{舍去。}$$

函数在 D 内部无驻点，考虑在 D 边界 $x^2+y^2=1$ 上的条件极值点，作拉格朗日函数 $L(x,y,\lambda)=1+2x+y+\lambda(x^2+y^2-1)$。

$$\begin{cases}L'_x=2+2\lambda x=0\\[1mm]L'_y=1+2\lambda y=0\\[1mm]L'_\lambda=x^2+y^2-1=0\end{cases}，\text{得}\begin{cases}x=\dfrac{2}{\sqrt5}\\[2mm]y=\dfrac{1}{\sqrt5}\end{cases}，\text{或}\begin{cases}x=-\dfrac{2}{\sqrt5}\\[2mm]y=-\dfrac{1}{\sqrt5}\end{cases}。$$

由于 $z\left(\dfrac{2}{\sqrt5},\dfrac{1}{\sqrt5}\right)=1+\sqrt5,z=\left(-\dfrac{2}{\sqrt5},-\dfrac{1}{\sqrt5}\right)=1-\sqrt5$，所以函数的最小值 $m=1-\sqrt5$，最大值 $M=1+\sqrt5$。

20. 解：$\begin{cases}\dfrac{\partial z}{\partial x}=2x\\[2mm]\dfrac{\partial z}{\partial y}=-2y\end{cases}$ 在 D 内部有驻点 $(0,0)$，且为了求 $f(0,0)$ 的值，就先要求 $f(x,y)$ 的表达式。

由于 $\dfrac{\partial z}{\partial x}=2x$，设 $f(x,y)=x^2+c(y)$，$\dfrac{\partial z}{\partial y}=-2y$，则 $f(x,y)=x^2-y^2+c$。

已知 $f(1,1)=2$，则 $c=2$。$f(x,y)=x^2-y^2+2$，$f(0,0)=2$。再考虑在 D 边界 $x^2+\dfrac{y^2}{4}=1$ 上函数的最值。

作拉格朗日函数 $L(x,y,\lambda)=x^2-y^2+2+\lambda\left(x^2+\dfrac{y^2}{4}-1\right)$，则

$$\begin{cases}L'_x=2x+2\lambda x=0\\[2mm]L'_y=-2y+\dfrac{1}{2}\lambda y=0\\[2mm]L'_\lambda=x^2+\dfrac{y^2}{4}-1=0\end{cases}$$

求得驻点 $(0,2),(0,-2),(1,0),(-1,0)$。

计算对应 z 的值，$z|_{(0,2)}=-2$，$z|_{(0,-2)}=-2$，$z|_{(1,0)}=3$，$z|_{(-1,0)}=3$。得到 $z_{\min}=z(0,\pm2)=-2$，$z_{\max}=3$。

重积分提高题答案

1. 解：$S = \iint\limits_D \mathrm{d}x\mathrm{d}y = \int_0^1 \mathrm{d}y \int_{e^y}^{e+1-y} \mathrm{d}x$

$$= \int_0^1 (e+1-y-e^y)\mathrm{d}y$$

$$= \frac{3}{2}$$

2. 解：$D = \{(x,y) \mid 0 \leqslant y \leqslant 1, 0 \leqslant x \leqslant y\}$

$\iint\limits_D \sqrt{y^2-xy}\,\mathrm{d}x\mathrm{d}y = \int_0^1 \mathrm{d}y \int_0^y \sqrt{y^2-xy}\,\mathrm{d}x$

$$= -\frac{2}{3} \int_0^1 \sqrt{y}(y-x)^{\frac{3}{2}} \Big|_0^y \,\mathrm{d}y$$

$$= \frac{2}{3} \int_0^1 y^2 \mathrm{d}y$$

$$= \frac{2}{9}$$

3. 解：$\int_0^1 \mathrm{d}x \int_x^{\sqrt{x}} \frac{\sin y}{y}\mathrm{d}y = \int_0^1 \mathrm{d}y \int_{y^2}^{y} \frac{\sin y}{y}\mathrm{d}x$

$$= \int_0^1 (1-y)\sin y\,\mathrm{d}y$$

$$= 1-\cos 1 + y\cos y \big|_0^1 - \int_0^1 \cos y\,\mathrm{d}y$$

$$= 1 - \sin 1$$

4. 解：$\int_1^2 \mathrm{d}x \int_{\sqrt{x}}^{x} \sin\frac{\pi x}{2y}\mathrm{d}y + \int_2^4 \mathrm{d}x \int_{\sqrt{x}}^{2} \sin\frac{\pi x}{2y}\mathrm{d}y$

$$= \int_1^2 \mathrm{d}y \int_y^{y^2} \sin\frac{\pi x}{2y}\mathrm{d}x$$

$$= \int_1^2 \left[-\frac{2y}{\pi}\cos\frac{\pi x}{2y} \Big|_y^{y^2} \right] \mathrm{d}y$$

$$= -\frac{2}{\pi} \int_1^2 y\cos\frac{\pi}{2}y\,\mathrm{d}y = -\frac{4}{\pi^2}\left[y\sin\frac{\pi}{2}y \Big|_1^2 - \int_1^2 \sin\frac{\pi}{2}y\,\mathrm{d}y \right]$$

$$= \frac{4}{\pi^2} - \frac{8}{\pi^3}\cos\frac{\pi}{2}y \Big|_1^2$$

$$= \frac{4}{\pi^2} + \frac{8}{\pi^3}$$

5. 解：解法一：更换积分次序，可得

$$\int_0^1 dx \int_x^1 f(x)f(y)dy = \int_0^1 dy \int_0^y f(x)f(y)dx = \int_0^1 dx \int_0^x f(x)f(y)dy$$

$$2\int_0^1 dx \int_x^1 f(x)f(y)dy = \int_0^1 dy \int_0^y f(x)f(y)dx + \int_0^1 dx \int_0^x f(x)f(y)dy$$

$$= \int_0^1 dx \int_0^1 f(x)f(y)dy$$

$$= \int_0^1 f(x)dx \int_0^1 f(y)dy$$

$$= A^2$$

所以 $\int_0^1 dx \int_x^1 f(x)f(y)dy = \dfrac{1}{2}A^2$。

解法二：记函数 $F(x) = \int_0^x f(t)dt$，则 $F(0)=0$，$F(1)=A$，$dF(x)=f(x)dx$。

$$\int_0^1 dx \int_x^1 f(x)f(y)dy = \int_0^1 f(x)dx \int_x^1 dF(y)$$

$$= \int_0^1 f(x)[F(1)-F(x)]dx$$

$$= \int_0^1 Af(x)dx - \int_0^1 f(x)F(x)dx$$

$$= A^2 - \int_0^1 F(x)dF(x)$$

$$= A^2 - \dfrac{1}{2}F^2(x)\Big|_0^1$$

$$= A^2 - \dfrac{1}{2}[F^2(1)-F^2(0)]$$

$$= \dfrac{1}{2}A^2$$

6. 解：
$$\iint_D e^{\max\{x^2,y^2\}}dxdy$$

$$= \iint_{D_1} e^{y^2}dxdy + \iint_{D_2} e^{x^2}dxdy$$

$$= \int_0^1 dy \int_0^y e^{y^2}dx + \int_0^1 dx \int_0^x e^{x^2}dy$$

$$= \int_0^1 ye^{y^2}dy + \int_0^1 xe^{x^2}dx$$

$$= e-1$$

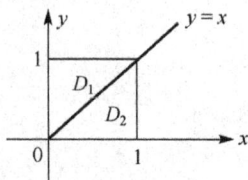

7. 解：
$$\iint_D y\left[1 + xe^{\frac{1}{2}(x^2+y^2)}\right]dxdy = \iint_D ydxdy + \iint_D xye^{\frac{1}{2}(x^2+y^2)}dxdy$$

$$\iint_D ydxdy = \int_{-1}^1 dy \int_y^1 ydy = \int_{-1}^1 y(1-y)dy = -\dfrac{2}{3}$$

$$\iint_D xye^{\frac{1}{2}(x^2+y^2)}dxdy = \int_{-1}^1 ydy \int_y^1 xe^{\frac{1}{2}(x^2+y^2)}dx$$

$$= \int_{-1}^1 y\left[e^{\frac{1}{2}(1+y^2)} - e^{y^2}\right]dy$$

$$= 0$$

于是 $\iint\limits_{D} y\left[1 + xe^{\frac{1}{2}(x^2+y^2)}\right]\mathrm{d}x\mathrm{d}y = -\dfrac{2}{3}$

8. 解: $\iint\limits_{D} \sqrt{x^2+y^2}\,\mathrm{d}\sigma = \int_{\frac{\pi}{4}}^{\frac{3\pi}{4}}\mathrm{d}\theta\int_{0}^{\cos\theta+\sin\theta} r^2\mathrm{d}r$

$$= \frac{1}{3}\int_{\frac{\pi}{4}}^{\frac{3\pi}{4}}[(1+2\sin\theta\cos\theta)(\sin\theta+\cos\theta)]\mathrm{d}\theta$$

$$= \frac{1}{3}\left[\sin\theta-\cos\theta+\frac{2}{3}\sin^3\theta-\frac{2}{3}\cos^3\theta\right]\Bigg|_{\frac{\pi}{4}}^{\frac{3\pi}{4}}$$

$$= \frac{8}{9}\sqrt{2}$$

9. 解: $\iint\limits_{D} \sqrt{\dfrac{1-x^2-y^2}{1+x^2+y^2}}\,\mathrm{d}\sigma = \int_{0}^{2\pi}\mathrm{d}\theta\int_{0}^{1}\sqrt{\dfrac{1-r^2}{1+r^2}}\,r\mathrm{d}r$

$$= \pi\int_{0}^{1}\sqrt{\frac{1-r^2}{1+r^2}}\,\mathrm{d}(r^2)$$

$$\underline{\underline{\diamondsuit r^2=\sin t}}\ \pi\int_{0}^{\frac{\pi}{2}}\sqrt{\frac{1-\sin t}{1+\sin t}}\cos t\,\mathrm{d}t$$

$$= \pi\int_{0}^{\frac{\pi}{2}}\frac{\cos^2 t}{1+\sin t}\mathrm{d}t$$

$$= \pi\int_{0}^{\frac{\pi}{2}}\frac{1-\sin^2 t}{1+\sin t}\mathrm{d}t$$

$$= \pi\int_{0}^{\frac{\pi}{2}}(1-\sin t)\mathrm{d}t$$

$$= \pi\left(\frac{\pi}{2}-1\right)$$

10. 解: $D = \left\{(r,\theta)\,\Big|\,0\leqslant r\leqslant -2a\sin\theta,\ -\dfrac{\pi}{4}\leqslant\theta\leqslant 0\right\}$

$I = \iint\limits_{D}\dfrac{\sqrt{x^2+y^2}}{\sqrt{4a^2-x^2-y^2}}\,\mathrm{d}\sigma = \int_{-\frac{\pi}{4}}^{0}\mathrm{d}\theta\int_{0}^{-2a\sin\theta}\dfrac{r^2}{\sqrt{4a^2-r^2}}\mathrm{d}r$

令 $r=2a\sin t$, 有

$I = \int_{-\frac{\pi}{4}}^{0}\mathrm{d}\theta\int_{0}^{-\theta}2a^2(1-\cos 2t)\mathrm{d}t$

$$= 2a^2\int_{-\frac{\pi}{4}}^{0}\left(-\theta+\frac{1}{2}\sin 2\theta\right)\mathrm{d}\theta$$

$$= a^2\left(\frac{\pi^2}{16}-\frac{1}{2}\right)$$

11. 解: 设 $D_1 = \{(x,y)\,|\,x^2+y^2\leqslant 1,(x,y)\in D\}$, $D_2 = \{(x,y)\,|\,x^2+y^2>1,(x,y)\in D\}$,

$$\iint_D \left|x^2+y^2-1\right|d\sigma = -\iint_{D_1}(x^2+y^2-1)dxdy + \iint_{D_2}(x^2+y^2-1)dxdy$$

$$= -\int_0^{\frac{\pi}{2}}d\theta\int_0^1(r^2-1)rdr + \iint_D(x^2+y^2-1)dxdy - \iint_{D_1}(x^2+y^2-1)dxdy$$

$$= \frac{\pi}{8} + \int_0^1 dx\int_0^1(x^2+y^2-1)dy - \int_0^{\frac{\pi}{2}}d\theta\int_0^1(r^2-1)rdr$$

$$= \frac{\pi}{4} - \frac{1}{3}$$

12. 解：
$$\iint_D e^{\frac{y}{x+y}}d\sigma = \int_0^{\frac{\pi}{2}}d\theta\int_{\frac{1}{\cos\theta+\sin\theta}}^{\frac{2}{\cos\theta+\sin\theta}} e^{\frac{\sin\theta}{\cos\theta+\sin\theta}}rdr$$

$$= \frac{1}{2}\int_0^{\frac{\pi}{2}} e^{\frac{\sin\theta}{\cos\theta+\sin\theta}}\frac{3}{(\cos\theta+\sin\theta)^2}d\theta$$

$$= \frac{3}{2}\int_0^{\frac{\pi}{2}} e^{\frac{\sin\theta}{\cos\theta+\sin\theta}}d\left(\frac{\sin\theta}{\cos\theta+\sin\theta}\right)$$

$$= \frac{3}{2} e^{\frac{\sin\theta}{\cos\theta+\sin\theta}}\bigg|_0^{\frac{\pi}{2}}$$

$$= \frac{3}{2}(e-1)$$

13. 解：
$$I = e^{\pi}\int_0^{2\pi}d\theta\int_0^{\sqrt{\pi}} e^{-r^2}\sin r^2\, rdr$$

$$= \frac{e^{\pi}}{2}\int_0^{2\pi}d\theta\int_0^{\sqrt{\pi}} e^{-r^2}\sin r^2\, dr^2$$

$$\xrightarrow{\;\diamondsuit t=r^2\;} \frac{e^{\pi}}{2}\int_0^{2\pi}d\theta\int_0^{\pi} e^{-t}\sin t\, dt$$

$$= \pi e^{\pi}\int_0^{\pi} e^{-t}\sin t\, dt$$

记 $A=\int_0^{\pi} e^{-t}\sin t\, dt$，则

$$A = \int_0^{\pi} e^{-t}\sin t\, dt = -\int_0^{\pi} e^{-t}d\cos t = -\left(e^{-t}\cos t\big|_0^{\pi} + \int_0^{\pi} e^{-t}\cos t dt\right)$$

$$= e^{-\pi}+1 - e^{-t}\sin t\big|_0^{\pi} - \int_0^{\pi} e^{-t}\sin t\, dt$$

$$= e^{-\pi}+1-A$$

有 $A=\dfrac{e^{-\pi}+1}{2}$，所以 $I=\dfrac{\pi e^{\pi}}{2}(1+e^{-\pi})=\dfrac{\pi}{2}(1+e^{\pi})$。

14. 解：$I = \iint\limits_D r^2 \sin\theta \sqrt{1 - r^2 \cos 2\theta}\, \mathrm{d}r\mathrm{d}\theta$

$$= \iint\limits_D r \sin\theta \sqrt{1 - r^2(\cos^2\theta - \sin^2\theta)}\, r\mathrm{d}r\mathrm{d}\theta$$

$$= \iint\limits_D y\sqrt{1 - x^2 + y^2}\, \mathrm{d}x\mathrm{d}y = \int_0^1 \mathrm{d}x \int_0^x y\sqrt{1 - x^2 + y^2}\, \mathrm{d}y$$

$$= \frac{1}{2}\int_0^1 \frac{2}{3}(1 - x^2 + y^2)^{\frac{3}{2}}\Big|_0^x \mathrm{d}x$$

$$= \frac{1}{3}\int_0^1 \left[1 - (1 - x^2)^{\frac{3}{2}}\right]\mathrm{d}x \underline{\underline{x = \sin\theta}} \frac{1}{3} - \frac{1}{3}\int_0^{\frac{\pi}{2}} \cos^4\theta\, \mathrm{d}\theta$$

$$= \frac{1}{3} - \frac{1}{3}\cdot\frac{3\times 1}{4\times 2}\cdot\frac{\pi}{2} = \frac{1}{3} - \frac{\pi}{16}$$

15. 解：因为 $f(x,1) = 0$，$f(1,y) = 0$，所以 $f'_x(x,1) = 0$

$I = \int_0^1 x\mathrm{d}x \int_0^1 y f''_{xy}(x,y)\mathrm{d}y = \int_0^1 x\mathrm{d}x \int_0^1 y\mathrm{d}(f'_x(x,y))$

$$= \int_0^1 x\mathrm{d}x\left[y f'_x(x,y)\Big|_0^1 - \int_0^1 f'_x(x,y)\mathrm{d}y\right]$$

$$= -\int_0^1 x\mathrm{d}x \int_0^1 f'_x(x,y)\mathrm{d}y = -\int_0^1 \mathrm{d}y \int_0^1 x\mathrm{d}(f(x,y))$$

$$= -\int_0^1 \mathrm{d}y\left[xf(x,y)\Big|_0^1 - \int_0^1 f(x,y)\mathrm{d}x\right]$$

$$= \int_0^1 \mathrm{d}y \int_0^1 f(x,y)\mathrm{d}x = \iint\limits_D f(x,y)\mathrm{d}x\mathrm{d}y = a$$

常微分方程提高题答案

1. （1）解：方程可化为 $\dfrac{\mathrm{d}y}{\mathrm{d}x}=\dfrac{y^2}{xy-x^2}=\dfrac{\left(\dfrac{y}{x}\right)^2}{\dfrac{y}{x}-1}$，即为齐次方程。令 $\dfrac{y}{x}=u$，则 $y=ux$，则

方程变换为 $u+x\dfrac{\mathrm{d}u}{\mathrm{d}x}=\dfrac{u^2}{u-1}$，分离变量有 $\dfrac{u-1}{u}\mathrm{d}u=\dfrac{1}{x}\mathrm{d}x$，两边积分得 $u-\ln|u|=\ln|x|+\ln|c|$，

即 $\dfrac{e^u}{u}=cx$，将 $u=\dfrac{y}{x}$ 代入，得原方程的通解为 $e^{\frac{y}{x}}=cy$，即 $y=ce^{\frac{y}{x}}$。

（2）解：方程可化为 $\dfrac{\mathrm{d}x}{\mathrm{d}y}=\dfrac{2e^{\frac{x}{y}}\left(\dfrac{x}{y}-1\right)}{1+2e^{\frac{x}{y}}}$，令 $\dfrac{x}{y}=u$，则 $x=yu$，$\dfrac{\mathrm{d}x}{\mathrm{d}y}=u+y\dfrac{\mathrm{d}u}{\mathrm{d}y}$，

方程变换为 $u+y\dfrac{\mathrm{d}u}{\mathrm{d}y}=\dfrac{2e^u(u-1)}{1+2e^u}$，分离变量有 $\dfrac{(1+2e^u)\mathrm{d}u}{u+2e^u}=\dfrac{-\mathrm{d}y}{y}$。

两边积分得 $\displaystyle\int\dfrac{\mathrm{d}(u+2e^u)}{u+2e^u}=-\int\dfrac{\mathrm{d}y}{y}$，$\ln|u+2e^u|=-\ln|y|+\ln|c|$，即 $u+2e^u=\dfrac{c}{y}$，将 $u=\dfrac{x}{y}$ 代

入，得原方程的通解为 $2ye^{\frac{x}{y}}+x=c$。

（3）解：两边分子、分母互换，转换为 y 是自变量，x 是因变量的一阶线性微分
方程为

$$\dfrac{\mathrm{d}x}{\mathrm{d}y}=x-2y，\quad 即 \dfrac{\mathrm{d}x}{\mathrm{d}y}-x=-2y$$

对应的齐次线性方程 $\dfrac{\mathrm{d}x}{\mathrm{d}y}=x$，分离变量有 $\dfrac{\mathrm{d}x}{x}=\mathrm{d}y$，两边积分得 $\ln|x|=y+\ln|c|$，由此得

$x=ce^y$。变易常数 c，令 $x=u(y)e^y$，代入原方程得 $(u'(y)e^y+u(y)e^y)-u(y)e^y=-2y$。

于是

$$u'(y)=-2ye^{-y}$$

$$u(y)=\int -2ye^{-y}\mathrm{d}y=\int 2y\mathrm{d}e^{-y}=2ye^{-y}-2\int e^{-y}\mathrm{d}y=2ye^{-y}+2e^{-y}+c。$$

得原方程的通解为 $x=(2ye^{-y}+2e^{-y}+c)e^y=2y+2+ce^y$。

或 $\dfrac{\mathrm{d}x}{\mathrm{d}y}-x=-2y$，$p(y)=-1$，$f(y)=-2y$。

由公式得原方程的通解为

$$x = e^{-\int p(y)dy}\left(\int f(y)e^{\int p(y)dy}\,dy + c\right)$$
$$= e^{\int 1dy}\left(\int -2ye^{\int -1dy}\,dy + c\right) = e^{y}\left(\int -2ye^{-y}dy + c\right)$$
$$= e^{y}\left(\int 2yde^{-y} + c\right) = e^{y}\left(2ye^{-y} + 2e^{-y} + c\right) = 2y + 2 + ce^{y}$$

（4）解：两边分子、分母互换，转化为 y 是自变量，x 是因变量的一阶线性微分方程为

$$\frac{dx}{dy} = \frac{\cos y \sin 2y - x\sin y}{\cos y} = \sin 2y - x\tan y，\quad 即 \frac{dx}{dy} + (\tan y)\cdot x = \sin 2y$$

对应的齐次线性方程 $\dfrac{dx}{dy} = -(\tan y)\cdot x$，分离变量有 $\dfrac{dx}{x} = -\tan y\, dy$。两边积分得 $\ln|x| = \ln|\cos y| + \ln|c|$，由此得 $x = c\cos y$。

变易常数 c，令 $x = u(y)\cos y$，代入原方程得

$$(u'(y)\cos y + u(y)(-\sin y)) + u(y)\sin y = \sin 2y$$

于是 $u'(y) = 2\sin y$，$u(y) = -2\cos y + c$。

得原方程的通解为 $x = (c - 2\cos y)\cos y$。

（5）解：将 x 视为 y 的函数，则方程为一阶线性微分方程为

$$\frac{dx}{dy} + \frac{1-2y}{y^2}x = 1$$

对应的齐次线性方程 $\dfrac{dx}{dy} = \dfrac{2y-1}{y^2}x$，分离变量有 $\dfrac{dx}{x} = \dfrac{2y-1}{y^2}dy$。

两边积分得 $\ln|x| = \ln y^2 + \dfrac{1}{y} + \ln|c|$，由此得 $x = cy^2 e^{\frac{1}{y}}$。

变易常数 c，令 $x = u(y)y^2 e^{\frac{1}{y}}$，代入原方程得

$$\left(u'(y)y^2 e^{\frac{1}{y}} + u(y)(2y-1)e^{\frac{1}{y}}\right) + u(y)(1-2y)e^{\frac{1}{y}} = 1$$

于是

$$u'(y) = y^{-2}e^{\frac{1}{y}}$$
$$u(y) = \int y^{-2}e^{\frac{1}{y}}dy = \int e^{\frac{1}{y}}d\left(-\frac{1}{y}\right) = e^{\frac{1}{y}} + c$$

得原方程的通解为 $x = \left(e^{\frac{1}{y}} + c\right)y^2 e^{\frac{1}{y}} = y^2 + cy^2 e^{\frac{1}{y}}$（及 $y = 0$）。

2. 解：设所求曲线方程为 $y = f(x)$，则其上任一点 (x, y) 处切线的斜率为 y'，此点与原点的连线的斜率为 $\dfrac{y}{x}$，依题意有 $y' \cdot \dfrac{y}{x} = -1$。

分离变量有 $y\,dy = -x\,dx$，解得 $x^2 + y^2 = c$。将 $x = 0$，$y = 1$ 代入上式得 $c = 1$，从而所求的曲线方程为 $x^2 + y^2 = 1$。

3．解法一：$y'\arcsin x+\dfrac{y}{\sqrt{1-x^2}}=1$ 为一个阶线性微分方程。

对应的齐次线性方程 $y'\arcsin x+\dfrac{y}{\sqrt{1-x^2}}=0$，分离变量有 $\dfrac{\mathrm{d}y}{y}=\dfrac{-\mathrm{d}x}{\sqrt{1-x^2}\cdot\arcsin x}$

两边积分得 $\ln|y|=-\ln|\arcsin x|+\ln|c|$，由此得 $y=\dfrac{c}{\arcsin x}$。

变易常数 c，令 $y=\dfrac{u(x)}{\arcsin x}$，代入原方程得

$$\left(\dfrac{u'(x)}{\arcsin x}-\dfrac{u(x)}{\sqrt{1-x^2}\cdot(\arcsin x)^2}\right)\arcsin x+\dfrac{u(x)}{\sqrt{1-x^2}\cdot\arcsin x}=1$$

于是 $u'(x)=1$，$u(x)=x+c$。得原方程的通解为 $y=\dfrac{x+c}{\arcsin x}$。

把 $x=\dfrac{1}{2}$，$y=0$ 代入上式得 $c=-\dfrac{1}{2}$，从而所求的曲线方程为 $y\arcsin x=x-\dfrac{1}{2}$。

解法二：整理方程得 $y'+\dfrac{1}{\sqrt{1-x^2}\cdot\arcsin x}y=\dfrac{1}{\arcsin x}$，$p(x)=\dfrac{1}{\sqrt{1-x^2}\cdot\arcsin x}$，$f(x)=\dfrac{1}{\arcsin x}$。

由公式得原方程的通解为 $y=\mathrm{e}^{-\int p(x)\mathrm{d}x}\left(\int f(x)\mathrm{e}^{\int p(x)\mathrm{d}x}\mathrm{d}x+c\right)$

$$=\mathrm{e}^{-\int\frac{1}{\sqrt{1-x^2}\cdot\arcsin x}\mathrm{d}x}\left[\int\dfrac{1}{\arcsin x}\mathrm{e}^{\int\frac{1}{\sqrt{1-x^2}\cdot\arcsin x}\mathrm{d}x}\mathrm{d}x+c\right]$$

$$=\dfrac{1}{\arcsin x}(x+c)$$

把 $x=\dfrac{1}{2}$，$y=0$ 代入上式得 $c=-\dfrac{1}{2}$，从而所求的曲线方程为 $y\arcsin x=x-\dfrac{1}{2}$。

4．（1）解：令 $x+y=u$，则原方程化为

$$x\left(\dfrac{\mathrm{d}u}{\mathrm{d}x}-1\right)+x+\sin u=0，\text{ 即 } x\dfrac{\mathrm{d}u}{\mathrm{d}x}=-\sin u$$

分离变量有 $\dfrac{\mathrm{d}u}{\sin u}=-\dfrac{\mathrm{d}x}{x}$，两边积分得 $\ln|\csc u-\cot u|=-\ln|x|+\ln|c|$。

即 $\csc u-\cot u=\dfrac{c}{x}$，将 $u=x+y$ 代入，得原方程的通解为 $\csc(x+y)-\cot(x+y)=\dfrac{c}{x}$。

（2）解：令 $x-y=u$，则原方程化为

$$1-\dfrac{\mathrm{d}u}{\mathrm{d}x}=\dfrac{1}{u}+1，\text{ 即 } \dfrac{\mathrm{d}u}{\mathrm{d}x}=-\dfrac{1}{u}$$

分离变量有 $u\mathrm{d}u=-\mathrm{d}x$，两分积得 $\dfrac{1}{2}u^2=-x+c_1$。

即 $u^2=-2x+c$，将 $u=x-y$ 代入，得原方程的通解为 $(x-y)^2+2x=c$。

（3）解：令 $u = x^2 + y^2$ ，则 $\dfrac{\mathrm{d}u}{\mathrm{d}x} = 2x + 2y\dfrac{\mathrm{d}y}{\mathrm{d}x}$ ，原方程化为

$$\frac{\mathrm{d}u}{\mathrm{d}x} - 2x = \mathrm{e}^{\frac{u}{x}} + \frac{u}{x} - 2x，\text{ 即 } \frac{\mathrm{d}u}{\mathrm{d}x} = \mathrm{e}^{\frac{u}{x}} + \frac{u}{x}$$

再令 $v = \dfrac{u}{x}$ ，则 $u = vx$ ，$\dfrac{\mathrm{d}u}{\mathrm{d}x} = v + x\dfrac{\mathrm{d}v}{\mathrm{d}x}$ ，方程变换为 $v + x\dfrac{\mathrm{d}v}{\mathrm{d}x} = \mathrm{e}^v + v$ ，即 $x\dfrac{\mathrm{d}v}{\mathrm{d}x} = \mathrm{e}^v$ 。

分离变量为 $\mathrm{e}^{-v}\mathrm{d}v = \dfrac{\mathrm{d}x}{x}$ ，两边积分得 $-\mathrm{e}^{-v} = \ln|x| + c$ 。

将 $u = x^2 + y^2$ ，$v = \dfrac{u}{x}$ 代入，得原方程的通解为 $-\mathrm{e}^{-\frac{x^2+y^2}{x}} = \ln|x| + c$

5. 解：对 $f(x) + 2\displaystyle\int_0^x f(t)\mathrm{d}t = x^2$ 两边关于 x 求导得

$$f'(x) + 2f(x) = 2x，\text{ 即 } y' + 2y = 2x$$

这是一个一阶线性微分方程，其通解为

$$f(x) = \mathrm{e}^{-\int 2\mathrm{d}x}\left(\int 2x\mathrm{e}^{\int 2\mathrm{d}x}\mathrm{d}x + c\right) = x - \frac{1}{2} + c\mathrm{e}^{-2x}$$

因为 $f(x) + 2\displaystyle\int_0^x f(t)\mathrm{d}t = x^2$ ，当 $x = 0$ 时，满足 $f(0) = 0$ 。代入通解，有 $0 = -\dfrac{1}{2} + c$ ，得 $c = \dfrac{1}{2}$ 。

因此，所求函数为 $f(x) = x - \dfrac{1}{2} + \dfrac{1}{2}\mathrm{e}^{-2x}$ 。

6. 解：对 $\displaystyle\int_0^x [2f(t) - 1]\mathrm{d}t = f(x) - 1$ ，两边关于 x 求导得

$$2f(x) - 1 = f'(x)，\text{ 即 } y' - 2y = -1$$

这是一个一阶线性微分方程，其通解为

$$f(x) = \mathrm{e}^{\int 2\mathrm{d}x}\left(\int -\mathrm{e}^{\int -2\mathrm{d}x}\mathrm{d}x + c\right) = \frac{1}{2} + c\mathrm{e}^{2x}$$

因为 $\displaystyle\int_0^x [2f(t) - 1]\mathrm{d}t = f(x) - 1$ ，当 $x = 0$ 时，满足 $f(0) = 1$ 。代入通解，有 $1 = \dfrac{1}{2} + c$ ，得 $c = \dfrac{1}{2}$ 。因此，所求函数为 $f(x) = \dfrac{1}{2}(1 + \mathrm{e}^{2x})$ 。

7. 解：由于 $\displaystyle\iint_{x^2+y^2 \leqslant 4t^2} f\left(\frac{1}{2}\sqrt{x^2+y^2}\right)\mathrm{d}x\mathrm{d}y = \int_0^{2\pi}\mathrm{d}\theta\int_0^{2t} f\left(\frac{1}{2}r\right)r\mathrm{d}r = 2\pi\int_0^{2t} f\left(\frac{1}{2}r\right)r\mathrm{d}r$ ，所以

有 $f(t) = \mathrm{e}^{4\pi t^2} + 2\pi\displaystyle\int_0^{2t} f\left(\frac{1}{2}r\right)r\mathrm{d}r$ ，两边关于 t 求导得

$$f'(t) = 8\pi t\mathrm{e}^{4\pi t^2} + 8\pi tf(t)，\text{ 即 } f'(t) - 8\pi tf(t) = 8\pi t\mathrm{e}^{4\pi t^2}$$

这是一个关于 $f(t)$ 的一阶段性微分方程，其通解为

$$f(t) = \mathrm{e}^{\int 8\pi t\mathrm{d}t}\left(\int 8\pi t\mathrm{e}^{4\pi t^2}\mathrm{e}^{\int -8\pi t\mathrm{d}t}\mathrm{d}t + c\right) = (4\pi t^2 + c)\mathrm{e}^{4\pi t^2}$$

因为 $f(t)=\mathrm{e}^{4\pi t^{2}}+2\pi\displaystyle\int_{0}^{2t}f\left(\dfrac{1}{2}r\right)r\mathrm{d}r$。当 $t=0$ 时，满足 $f(0)=1$。代入通解，有 $c=1$。因此，所求函数为 $f(t)=(4\pi t^{2}+1)\mathrm{e}^{4\pi t^{2}}$。

8．解：$\dfrac{\partial z}{\partial x}=f'(u)\mathrm{e}^{x}\sin y,\dfrac{\partial^{2}z}{\partial x^{2}}=f'(u)\mathrm{e}^{x}\sin y+f''(u)\mathrm{e}^{2x}\sin^{2}y$，$\dfrac{\partial z}{\partial y}=f'(u)\mathrm{e}^{x}\cos y,\dfrac{\partial^{2}z}{\partial y^{2}}=f'(u)\mathrm{e}^{x}\sin y+f''(u)\mathrm{e}^{2x}\cos^{2}y$。

代入原方程，得 $f''(u)-f(u)=0$。解方程，得 $f(u)=c_{1}\mathrm{e}^{u}+c_{2}\mathrm{e}^{-u}$，其中 c_{1}，c_{2} 为任意常数。

《微积分（三）》课程期中考试样卷（一）答案

一、1.（1）$Axy = (1,2,-3)$，（2）$P(-1,1,1)$，

2.（1）$\boldsymbol{b} \cdot \boldsymbol{c} = -3$，（2）$\alpha = 150°$。

3.（1）$(\boldsymbol{a} - 2\boldsymbol{b}) \cdot (2\boldsymbol{a} + \boldsymbol{b}) = -1$，（2）$k = \dfrac{21}{10}$。

4. $x + 2y + 3z = 14$。

二、1.（1）3；（2）0。

2. $f'_x(2,0) = \dfrac{\pi}{2} + 1$；$f'_y(2,0) = 0$。

3. $\mathrm{d}z|_{(1,1)} = \mathrm{d}x + \mathrm{d}y$。

4. $\dfrac{\partial z}{\partial x} = -\dfrac{3x^2 z + y^2}{\mathrm{e}^z + x^3}$，

$\dfrac{\partial^2 z}{\partial x \partial y}\bigg|_{\substack{x=0 \\ y=1}} = -2$

5. $\dfrac{\partial z}{\partial x} = f'_1 \cdot \dfrac{1}{y} + f'_2 \cdot 2x$，

$\dfrac{\partial^2 z}{\partial x \partial y} = -\dfrac{x}{y^3} f''_{11} - 2\left(1 + \dfrac{x^2}{y^2}\right) f''_{12} - 4xy f''_{22} - \dfrac{1}{y^2} f'_1$

6. 略。

7. -1。

三、提示：$\dfrac{\partial z}{\partial x} = \dfrac{xy f'_1 + \dfrac{yz}{x} f'_2}{x f'_1 + y f'_2}$，$\dfrac{\partial z}{\partial y} = \dfrac{xy f'_2 + \dfrac{xz}{y} f'_1}{x f'_1 + y f'_2}$。

《微积分（三）》课程期中考试样卷（二）答案

一、1. $\dfrac{\partial z}{\partial x} = 2xy - y^2$；

$\dfrac{\partial^2 z}{\partial x \partial y} = 2x - 2y$。

2. $\dfrac{\partial z}{\partial x} = \dfrac{-y}{x^2 + y^2} + y^2(1 + xy)^{y-1}$；

$\dfrac{\partial z}{\partial y} = \dfrac{x}{x^2 + y^2} + (1 + xy)^y \left[\ln(1 + xy) + \dfrac{xy}{1 + xy} \right]$；

$\mathrm{d}z|_{(1,1)} = \dfrac{1}{2}\mathrm{d}x + \left(\dfrac{3}{2} + 2\ln 2 \right)\mathrm{d}y$。

3. $\dfrac{\partial z}{\partial x} = (1 + x + y)^{xy} \left[y\ln(1 + x + y) + \dfrac{xy}{1 + x + y} \right]$；

$\dfrac{\partial z}{\partial y} = (1 + x + y)^{xy} \left[x\ln(1 + x + y) + \dfrac{xy}{1 + x + y} \right]$。

4. $\boldsymbol{a} \cdot \boldsymbol{b} = 8$；

$\boldsymbol{a} \times \boldsymbol{b} = \{-8, -5, 1\}$；

$\langle \boldsymbol{a}, \boldsymbol{b} \rangle = \arccos \dfrac{8}{\sqrt{154}}$。

二、1 极大值点 $(-4, -2)$，极大值 $f(-4, -2) = 8\mathrm{e}^{-2}$。

2. $\dfrac{\partial z}{\partial x} = 2xf(\mathrm{e}^{x+y}) + (x^2 + y^2)\mathrm{e}^{x+y}f'$；

$\dfrac{\partial z}{\partial y} = 2yf(\mathrm{e}^{x+y}) + (x^2 + y^2)\mathrm{e}^{x+y}f'$；

$\mathrm{d}z = (2xf(\mathrm{e}^{x+y}) + (x^2 + y^2)\mathrm{e}^{x+y}f')\mathrm{d}x + (2yf(\mathrm{e}^{x+y}) + (x^2 + y^2)\mathrm{e}^{x+y}f')\mathrm{d}y$。

3. $\dfrac{\partial z}{\partial x} = 2xyf_1' + y^2 f_2'$；

$\dfrac{\partial z}{\partial y} = x^2 f_1' + 2xy f_2'$。

4. $\dfrac{\partial^2 z}{\partial x \partial y} = \dfrac{-\mathrm{e}^z}{(z-1)(\mathrm{e}^z - xy)^2}$。

5. $\dfrac{\partial^2 z}{\partial x^2} = 2f_1' + 2f_2' + 4x^2 f_{11}'' + 8x^2 f_{12}'' + 4x^2 f_{22}''$；

$$\frac{\partial^2 z}{\partial y^2} = 2f_1' - 2f_2' + 4y^2 f_{11}'' - 8y^2 f_{12}'' + 4y^2 f_{22}''。$$

6. $\dfrac{\partial z}{\partial x} = \dfrac{x^2 + z^2 - 2x}{2z - x^2 - z^2}$; $\dfrac{\partial z}{\partial y} = \dfrac{x^2 + z^2}{2z - x^2 - z^2}$ 。

7. $\dfrac{\partial u}{\partial x} = f_1' + f_3' \cdot g_1'$; $\dfrac{\partial u}{\partial y} = f_2' + f_3' \cdot g_2'$ 。

8. $\dfrac{\partial z}{\partial x} = \mathrm{e}^{x^2}$; $\dfrac{\partial z}{\partial y} = -\mathrm{e}^{y^2}$ 。

三、$\dfrac{\partial z}{\partial x} = f'$, $\dfrac{\partial z}{\partial y} = f_1' \cdot \varphi'$, $\dfrac{\partial^2 z}{\partial x \partial y} = f'' \cdot \varphi'$, $\dfrac{\partial^2 z}{\partial x^2} = f''$ ，代入得证。

《微积分（三）》课程期中考试样卷（三）答案

一、1. $\dfrac{\partial z}{\partial x}=-\dfrac{y}{x^2+y^2}+y^2(1+xy)^{y-1}$；

$\dfrac{\partial z}{\partial y}=\dfrac{x}{x^2+y^2}+(1+xy)^y\left[\ln(1+xy)+\dfrac{xy}{1+xy}\right]$。

2. $\cos\langle\vec{a},\vec{b}\rangle=-\dfrac{1}{2}$。

3. $\dfrac{\partial z}{\partial x}=f_1'\cdot 2x+f_2'\cdot e^{xy}y$；

$\dfrac{\partial^2 z}{\partial x\partial y}=-4xyf_{11}''+2e^{xy}(x^2-y^2)f_{12}''+xy\,e^{2xy}f_{22}''+e^{xy}(xy+1)f_2'$。

4. $\mathrm{d}z=\dfrac{1}{e^z+1}\mathrm{d}x+\dfrac{1}{e^z+1}\mathrm{d}y$。

5. $\dfrac{\partial z}{\partial x}=f'\cdot\left(2x+\dfrac{1}{y}\right)$；

$\dfrac{\partial^2 z}{\partial x\partial y}=f''\cdot\left(-\dfrac{x}{y^2}\right)(2x+\dfrac{1}{y})+f'\cdot\left(-\dfrac{1}{y^2}\right)$。

6. 2。

7. $\lim\limits_{(x,y)\to(0,0)}f(x,y)=\lim\limits_{(x,y)\to(0,0)}\sqrt{x^2+y^2}\sin\dfrac{1}{x^2+y^2}=0=f(0,0)$，则 $f(x,y)$ 在 $(0,0)$ 处连续。

$f_x'(0,0)=\lim\limits_{\Delta x\to 0}\dfrac{f(0+\Delta x,0)-f(0,0)}{\Delta x}=\lim\limits_{\Delta x\to 0}\dfrac{\sqrt{\Delta x^2}\sin\dfrac{1}{\Delta x^2}}{\Delta x}$，不存在。

同理 $f_y'(0,0)=\lim\limits_{\Delta y\to 0}\dfrac{f(0,0+\Delta y)f(0,0)}{\Delta y}=\lim\limits_{\Delta y\to 0}\dfrac{\sqrt{\Delta y^2}\sin\dfrac{1}{\Delta y^2}}{\Delta y}$，不存在。

所以，$f(x,y)$ 在 $(0,0)$ 处的偏导数都不存在。

8. $\dfrac{\partial z}{\partial x}=e^{x^4}\cdot 2x$；$\dfrac{\partial z}{\partial y}=-e^{y^4}\cdot 2y$。

9. $\mathrm{d}z=(f_1'2x+f_2'\cdot\varphi'\cdot y)\mathrm{d}x+(f_1'2y+f_2'\cdot\varphi'\cdot x)\mathrm{d}y$

10. $\dfrac{\partial z}{\partial x}=\dfrac{2x^2+2xy-12y^2}{(2x+y)^2}$；$\dfrac{\partial z}{\partial y}=\dfrac{-9x^2+16xy+4y^2}{(2x+y)^2}$。

二、1. $\dfrac{\mathrm{d}u}{\mathrm{d}z}=\dfrac{-(f_1'+f_2'\cos x)\varphi_3'}{\varphi_1'\cdot 2x+\varphi_2'\cdot e^{\sin x}\cos x}+f_3'$

2. $(2,-2)$ 为 $f(x,y)$ 的极大值点。 $f_{极大} = f(2,-2) = 8$ 。

3. $\dfrac{\mathrm{d}y}{\mathrm{d}x} = -\dfrac{f_1' + f_3' \cdot g_1'}{f_2' + f_3' \cdot g_2'}$, $\dfrac{\mathrm{d}z}{\mathrm{d}x} = \dfrac{g_1' f_2' - g_2' \cdot f_1'}{f_2' + f_3' \cdot g_2'}$

4. $\dfrac{\partial z}{\partial x} = f' \cdot \dfrac{\partial u}{\partial x}$, $\dfrac{\partial z}{\partial y} = f' \cdot \dfrac{\partial u}{\partial y}$;

   $\dfrac{\partial u}{\partial x} = \varphi' \cdot \dfrac{\partial u}{\partial x} + p(x)$, $\dfrac{\partial u}{\partial y} = \varphi' \cdot \dfrac{\partial u}{\partial y} - p(y)$; 则 $p(y)\dfrac{\partial z}{\partial x} + p(x)\dfrac{\partial z}{\partial y} = 0$ 。

《微积分（三）》课程期末考试样卷（一）答案

一、1. $\dfrac{\partial z}{\partial x} = 2xe^{x^2+y^2}$，$\dfrac{\partial z}{\partial y} = 2y \cdot e^{x^2+y^2}$；$\mathrm{d}z = 2xe^{x^2+y^2}\,\mathrm{d}x + 2ye^{x^2+y^2}\,\mathrm{d}y$

2. $\dfrac{\partial z}{\partial x} = y^2(1+xy)^{y-1}$，$\dfrac{\partial z}{\partial y} = (1+xy)^y\left[\ln(1+xy) + \dfrac{xy}{1+xy}\right]$

3. $\boldsymbol{a} \cdot \boldsymbol{b} = -9$；

$\boldsymbol{a} \times \boldsymbol{b} = -6\boldsymbol{i} - 6\boldsymbol{j} - 3\boldsymbol{k}$；

$\cos\langle \boldsymbol{a}, \boldsymbol{b}\rangle = \dfrac{\boldsymbol{a} \cdot \boldsymbol{b}}{|\boldsymbol{a}| \cdot |\boldsymbol{b}|} = \dfrac{-9}{\sqrt{18} \cdot \sqrt{9}} = -\dfrac{\sqrt{2}}{2}$；

$\langle \boldsymbol{a}, \boldsymbol{b}\rangle = \dfrac{3\pi}{4}$。

4. $\dfrac{\partial z}{\partial x} = 2xf_1' + 2xf_2'$；$\dfrac{\partial z}{\partial y} = 2yf_1' - 2yf_2'$。

5. $D = \begin{cases} 1 \leqslant x \leqslant 2 \\ 2-x \leqslant y \leqslant \sqrt{2x-x^2} \end{cases}$，变换后 $D = \begin{cases} 2-y \leqslant x \leqslant 1+\sqrt{1-y^2} \\ 0 \leqslant y \leqslant 1 \end{cases}$；

$$\int_1^2 \mathrm{d}x \int_{2-x}^{\sqrt{2x-x^2}} f(x,y)\mathrm{d}y = \int_0^1 \mathrm{d}y \int_{2-y}^{1+\sqrt{1-y^2}} f(x,y)\mathrm{d}x$$

二、1. $e^z \mathrm{d}z = yz\,\mathrm{d}x + xz\,\mathrm{d}y + xy\,\mathrm{d}z$

$$\mathrm{d}z = \dfrac{yz}{e^z - xy}\,\mathrm{d}x + \dfrac{xz}{e^z - xy}\,\mathrm{d}y$$

$$\dfrac{\partial z}{\partial x} = \dfrac{yz}{e^z - xy}, \dfrac{\partial z}{\partial y} = \dfrac{xz}{e^z - xy}$$

2. $\displaystyle\iint\limits_D xy\,\mathrm{d}\sigma = \int_0^1 \mathrm{d}x \int_{x^2}^x xy\,\mathrm{d}y = \dfrac{1}{24}$

3. $y = (2e^{x^2} + c)e^{-x^2}$

4. $\displaystyle\iint\limits_D |x^2+y^2-1|\,\mathrm{d}\sigma = \iint\limits_{D_1}(1-x^2-y^2)\,\mathrm{d}\sigma + \iint\limits_{D_2}(x^2+y^2-1)\,\mathrm{d}\sigma$

$$= \int_0^{2\pi}\mathrm{d}\theta\int_0^1(1-r^2)r\,\mathrm{d}r + \int_0^{2\pi}\mathrm{d}\theta\int_1^2(r^2-1)r\,\mathrm{d}r$$

$$= 5\pi$$

5. $\displaystyle\iint\limits_D e^{-y^2}\,\mathrm{d}\sigma = \int_0^1 \mathrm{d}y \int_0^y e^{-y^2}\,\mathrm{d}x = \int_0^1 ye^{-y^2}\,\mathrm{d}y$

$$= \dfrac{1}{2}(1-e^{-1})$$

6. $\dfrac{\partial z}{\partial x}=f_1'+f_2'\cdot y$;　 $\dfrac{\partial^2 z}{\partial x\partial y}=f_{11}''+(x+y)f_{12}''+xyf_{22}''+f_2'$ 。

7. $y=c_1e^x+c_2e^{-x}+x^2e^x$ 。

8. $x-y-1=c\cdot e^y$

9. $f(x)=2(x+1)e^{2x}$

10. $\displaystyle\iint\limits_{D}(x^2+y^2)\mathrm{d}\sigma=\int_{-\frac{\pi}{2}}^{\frac{\pi}{2}}\mathrm{d}\theta\int_0^{2\cos}r^2\cdot r\mathrm{d}r=\dfrac{3}{2}\pi$

三、证明： $\dfrac{\partial z}{\partial z}=e^{-\left(\frac{1}{x}+\frac{1}{y}\right)}\cdot\dfrac{1}{x^2}$ 。

$$\dfrac{\partial z}{\partial y}=e^{-\left(\frac{1}{x}+\frac{1}{y}\right)}\cdot\dfrac{1}{y^2}$$

$$左边=x^2e^{-\left(\frac{1}{x}+\frac{1}{y}\right)}\cdot\dfrac{1}{x^2}+y^2e^{-\left(\frac{1}{x}+\frac{1}{y}\right)}\cdot\dfrac{1}{y^2}$$

$$=2e^{-\left(\frac{1}{x}+\frac{1}{y}\right)}$$

$$=2z$$

$$=右边$$

《微积分（三）》课程期末考试样卷（二）答案

一、1. ×；2. √；3. √；4. √；5. √。

二、6. $y = c_1 e^x + c_2 e^{-x}$。

7. -1。

8. -1。

9. 1。

10. $\dfrac{2\pi}{3}$。

11. -5，1。

12. $y = -\dfrac{x}{2} + \dfrac{c}{2x}$。

三、13. D 的面积 $s = 1$。

14. $\dfrac{\partial z}{\partial z} = (x^2 + y^2)^x \left(\ln(x^2 + y^2) + \dfrac{2x^2}{x^2 + y^2} \right)$；

$\dfrac{\partial^2 z}{\partial x^2} = (x^2 + y^2)^x \left\{ \left((\ln(x^2 + y^2)) + \dfrac{2x^2}{x^2 + y^2} \right)^2 + \dfrac{2x}{x^2 + y^2} + \dfrac{4xy^2}{(x^2 + y^2)^2} \right\}$。

15. 2。

16. $y'_{(1)} = -\dfrac{2}{e}$。

17. $y = (1 + x)^2 (\sin x + c)$。

18. $y = 2e^x - e^{-3x}$。

《微积分（三）》课程期末考试样卷（三）答案

一、1. $-\dfrac{2}{3}$；2. $\{4,-2,-1\}$；3. $\dfrac{1}{4}$；4. 8；5. $4xy\varphi'$；6. $yz\mathrm{d}x+zx\mathrm{d}y+xy\mathrm{d}z$；

7. $\displaystyle\int_0^1 \mathrm{d}y \int_{e^y}^{e} f(x,y)\mathrm{d}x$；

8. 4π；9. $c_1+c_2\mathrm{e}^{4x}$；10. $-\ln|x|+c_1 x+c_2$。

二、1. $\overrightarrow{M_1 M_2}=\{2,-2,1\}$，$\overrightarrow{M_1 M_2}^{\circ}=\left\{\dfrac{2}{3},-\dfrac{2}{3},\dfrac{1}{3}\right\}$，即：$\boldsymbol{a}=|\boldsymbol{a}|\boldsymbol{a}^{\circ}=\{-4,4,-2\}$。

2. （1）$\boldsymbol{a}\cdot\boldsymbol{a}-2\boldsymbol{a}\cdot\boldsymbol{b}+\boldsymbol{b}\cdot\boldsymbol{b}=17$，$\boldsymbol{a}\cdot\boldsymbol{b}=-2$

（2）-16。

3. $\dfrac{\partial z}{\partial x}=2xy\mathrm{e}^{x^2 y+\frac{1}{y}}$，$\dfrac{\partial z}{\partial y}=\left(x^2-\dfrac{1}{y^2}\right)\mathrm{e}^{x^2 y+\frac{1}{y}}$，

$\dfrac{\partial^2 z}{\partial x^2}=(2y+4x^2 y^2)\mathrm{e}^{x^2 y+\frac{1}{y}}$

4. $\dfrac{\partial z}{\partial u}=\dfrac{V}{u^2+v^2}$，$\dfrac{\partial z}{\partial v}=-\dfrac{u}{u^2+v^2}$；

$\dfrac{\partial z}{\partial x}=\dfrac{y(y^2-x^2)}{x^4+3x^2 y^2+y^4}$。

5. $\dfrac{\partial z}{\partial x}=f_1'+y^2 f_2'$，$\dfrac{\partial^2 z}{\partial x\partial y}=2xyf_{12}''+2yf_2'+2xy^3 f_{22}''$。

6. $\dfrac{\partial z}{\partial x}=\dfrac{3x^2}{y-3z^2}$；$\dfrac{\partial z}{\partial x}=\dfrac{-z}{y-3z^2}$。

7. $f(x,y)$ 在 $(2,-2)$ 处有极大值，$f(2,-2)=10$。

8. $\dfrac{4}{3}$。

9. π。

10. $\sqrt{1+y^2}-1=\ln x$。

11. $y=(x+1)(x+c)$。

12. $f(x,y)=x^2+y^2-2$。